天然气资源合理利用方式研究

王俊奇　著

中国石化出版社

内 容 提 要

本书对天然气的合理利用方式进行了分析和评价，建立了天然气用户需求预测模型、天然气用户的分级分类模型、天然气用气量的分配模型。分析了天然气利用过程中存在的不确定性，提出了天然气合理利用方式的建议与对策。

本书适合于能源工程、石油与天然气工程及相关领域的科研、技术和管理人员、相关政策的制定者及高等院校的师生阅读和参考。

图书在版编目(CIP)数据

天然气资源合理利用方式研究 / 王俊奇著.
—北京：中国石化出版社，2015. 8
ISBN 978-7-5114-3593-4

Ⅰ. ①天… Ⅱ. ①王… Ⅲ. ①天然气资源-能源综合利用-研究 Ⅳ. ①TE09

中国版本图书馆 CIP 数据核字(2015)第 204383 号

未经本社书面授权，本书任何部分不得被复制、抄袭，或者以任何形式或任何方式传播。版权所有，侵权必究。

中国石化出版社出版发行
地址:北京市东城区安定门外大街 58 号
邮编:100011 电话:(010)84271850
读者服务部电话:(010)84289974
http://www. sinopec-press. com
E-mail:press@ sinopec. com
北京富泰印刷有限责任公司印刷
全国各地新华书店经销
*
700×1000 毫米 16 开本 9. 75 印张 176 千字
2015 年 8 月第 1 版 2015 年 8 月第 1 次印刷
定价:45. 00 元

前　言

天然气作为一种优质、高效、清洁的能源，对优化能源结构、改善空气质量和治理雾霾等方面起着重要的作用。我国人均天然气消费量和天然气占一次能源的比重均为全球平均水平的四分之一，可以说，无论是从当前治理环境的紧迫性来看，还是从兑现我国政府向国际社会做出的碳排放承诺来看，天然气发展目标非常适宜。尽管现在天然气产业发展受到了很大的挑战，上游市场发展逐步完善，下游市场略显疲软，但国家高度重视天然气产业发展，加强对下游利用进行引导。2012 年出台了新版的《天然气利用政策》，2014 年出台了《能源行业加强大气污染防治工作方案》，提出 2015 年天然气消费比重达到 7%，2017 年提高到 9%以上；2014 年发布的《能源发展战略行动计划(2014—2020 年)》和《国家应对气候变化规划(2014—2020 年)》又提出 2020 年天然气占一次能源消费比重达到 10%以上，利用量达到 $3600\times10^8m^3$。因此，我国不断加大政策支持力度，深化改革，通过市场化机制引导天然气产业的健康持续发展。本书在调研总结其他学者研究成果的基础上对天然气的合理利用方式进行了研究，可供天然气生产、管理、销售领域，还有天然气经济方面或从事天然气相关领域的科研人员和工程技术人员参考。

本书的出版得到西安石油大学优秀学术著作出版基金、教育部人文社会科学研究规划基金项目(10YJA790185)和陕西省社会科学基金项目(2014D19)的共同资助，书中的部分内容也是这些基金项目的成果记录。

在本书成书过程中得到西安石油大学石油工程学院、科技处有关领导、专家的大力协助，在此谨向他们表示衷心的感谢！硕士研究生薛方刚、张阳阳、张振杰、魏军会、苏慧、陈磊、魏辰、章佳乐，还有石油工程学院的杜文等同学为本书作出了辛勤的工作，在此表示衷心感谢！

由于本书资料来源较广，数据量较大，因此，特别向本书所引用成果和内容的专家同仁表示衷心感谢！同时感谢中国石化出版社的编辑为本书出版所作出的辛勤工作。

由于编写人员水平有限，错误之处在所难免，恳请读者和同行们批评指正。

2015 年 6 月 15 日于西安

目　录

第一章　概　　述 …………………………………………………………（1）

第一节　天然气工业的发展历史 ………………………………………（1）

第二节　天然气资源概况 ………………………………………………（3）

第三节　天然气利用模式 ………………………………………………（6）

第二章　天然气基本知识 ………………………………………………（10）

第一节　天然气形成和分布 ……………………………………………（10）

第二节　天然气开采过程 ………………………………………………（11）

第三节　天然气处理与净化 ……………………………………………（15）

第四节　天然气输送与储存 ……………………………………………（19）

第五节　天然气市场与贸易 ……………………………………………（22）

第三章　天然气资源预测方法 …………………………………………（26）

第一节　常用预测方法简介 ……………………………………………（26）

第二节　优化组合模型预测 ……………………………………………（40）

第三节　天然气产量与消费量的预测 …………………………………（43）

第四节　预测结果及误差分析 …………………………………………（58）

第四章　天然气资源利用模型 …………………………………………（63）

第一节　天然气用户的需求预测模型 …………………………………（63）

第二节　天然气用户的分级模型 ………………………………………（75）

第三节　天然气用户用气量分配模型 …………………………………（80）

第五章　天然气资源利用方式 …………………………………………（84）

第一节　天然气燃烧与应用 ……………………………………………（84）

第二节　天然气发电 ………………………………………………… (98)
第三节　天然气化工 ………………………………………………… (105)
第六章　天然气利用的不确定分析 ……………………………………… (111)
第一节　用户需求的不确定性 ……………………………………… (112)
第二节　利用环节的不确定性 ……………………………………… (114)
第三节　天然气的价格 …………………………………………… (119)
第七章　实例分析 …………………………………………………… (124)
第一节　天然气资源基础 ………………………………………… (124)
第二节　实例分析 ………………………………………………… (129)
参考文献 ………………………………………………………………… (146)

第一章

概　述

第一节　天然气工业的发展历史

天然气的发展经历了漫长的历史。早在公元前十世纪，希腊帕尔纳索斯山牧民发现岩缝冒出火焰，就把这种不可解释的自然现象敬奉为神灵，在火焰燃烧处修建寺庙。女祭司把它命名为德尔斐神龛，从此这里成了卜卦问神的圣殿。这是人类最早有实物记载的天然气发祥地。公元前 50 年，意大利罗马维斯塔教堂已用地层渗漏的天然气作燃料，长明火焰照亮了狩猎女神像；随后在印度、希腊和波斯都有类似的祭坛。威尼斯旅行家马可·波罗在他的游记中写到，他于公元 1273 年路过阿塞拜疆巴库时，天然气在巴库拜火教教堂已经燃烧了好几百年。凯撒时代法国格勒诺勃也有“燃烧之泉”的记载。

我国是世界上最早发现和利用天然气的国家之一。我国天然气的发现和利用是伴随着盐业的开采而发展起来的。约在公元前三世纪，四川邛崃已经开始用天然气熬盐。邛崃出土的东汉（公元 25~220 年）画像砖上有熬盐图，画中有从井下取卤水用竹管送至盐锅处，灶上共有五口大锅，同时在灶火门处排列几根竹管通至灶内。英国著名科学家李约瑟看后大为惊叹，在其著作《中国科学技术史》中特别指出，这些并排的竹管即是输送天然气至盐锅下燃烧煮盐用的，也是研究天然气发展的珍贵文物。东晋（公元 317~420 年）时成书的《华阳国志·蜀志》中明确记载了用“井火”熬盐。“火井”这个词，是古代人给天然气井的非常形象化的名称。宋应星《天工开物》（1637 年）对于用竹管输气有详细的描述：“长竹剖开，去节，合缝，漆布，一头插入井底，其上曲接，以口紧对釜脐”。发展到清代时，自流井有数十口锅用天然气熬盐。据《台湾府志》（1691 年）记载：“从山口隙缝中如泉涌出，点之即燃，火出水中，水火同源，蔚为奇观”证明当时台湾已发现了天然气。公元 1835 年人工钻凿了世界上第一口超千米的深井——燊海井。据《川鹾概略》记载，该井历时 3 年，方始凿成。井深约合 1001.42m，既产卤，又产气。当时，卤水自喷量每日约 $14m^3$，并且能日产天然气 $4800\sim8000m^3$，可供熬制 14t 盐。盐在当时是财富的象征，现在建立的燊海井博物馆（自贡市），保存了当年用牛汲卤、用井里产的低压天然气熬盐的真实情景。

1821 年在美国宾夕法尼亚州弗里多尼亚，当地的威廉·哈特在小溪沟边散步，发现水面上冒出气泡，于是在附近钻了一口 9m 深的井，获得了较大气流的天然气。接着几年接通管道，照亮了附近的住户和商店。管道首先用的是木管，1825 年改用铅管，1865 年成立了第一家天然气公司——弗里多尼亚瓦斯及供水公司。人类自发现天然气以来的长达 2000 多年时间里，只是偶尔发现，没有提高到理性认识，同时缺乏天然气开采技术，都属于地方性的作坊式小规模开采。威廉·哈特在美国被称为“天然气之父”。美国是天然气工业发展最快的国家。

一般来说，将天然气田的发现作为现代天然气工业开始的标志。这个阶段的特征是世界各地不断发现天然气田，并且逐步进入开采阶段。我国于 1904 年在台湾首先发现天然气田，1937 年在四川石油沟发现天然气田，我国开始了现代天然气工业阶段。

第二次世界大战后，由于世界经济复苏，各国开始了大规模经济建设，需要大量的燃料和原料。许多国家纷纷投资天然气的勘探开发，从而促进了天然气的开发利用。世界各国相继发现了一大批气田。法国发现了拉克气田，荷兰在北海南部发现了格罗宁根大气田，阿尔及利亚发现了哈西鲁迈勒和鲁尔德努斯大气田，利比亚发现了哈提巴大气田，伊朗发现了罕吉郎和帕扎农大气田，巴基斯坦发现了苏伊和马里大气田等。由于一系列大气田的发现，使得天然气储量和产量大幅度上升，其中发展最快的是俄罗斯、美国和荷兰。

20 世纪 70 年代，世界出现的第二次石油危机，给依赖石油进口的国家以沉重的打击，各国开始寻求替代石油的能源，这给天然气工业大发展提供了良好的机遇。天然气开发利用进入高速发展阶段。

第二节　天然气资源概况

一、天然气的资源量

国土资源部自2007年开始至2014年底进行了新一轮的全国常规油气资源动态评价。结果显示我国常规天然气（以下简称“天然气”）地质资源量 $68\times10^{12}m^3$，可采资源量 $40\times10^{12}m^3$，与2007年评价结果相比，分别增加了 $33\times10^{12}m^3$、$18\times10^{12}m^3$，增长了94%和82%；已累计探明 $12\times10^{12}m^3$，探明程度18%，处于勘探早期。而且我国天然气资源潜力大于石油。截至2014年底，全国天然气累计采出 $1.5\times10^{12}m^3$，剩余可采资源量为 $38.5\times10^{12}m^3$。天然气剩余可采资源量约为石油的1.7倍，新增地质储量90%以上为整装、未开发储量，进一步增储上产的潜力很大，未来我国将进入天然气储量产量快速增长的发展阶段。

我国的油气资源主要集中在大型含油气盆地。鄂尔多斯、四川、塔里木盆地和海域等四大气区的天然气资源量、储量和产量贡献超过80%。

二、天然气的产量

2014年，我国天然气产量 $1243\times10^8m^3$，煤层气产量 $36.9\times10^8m^3$，页岩气产量 $12.5\times10^8m^3$，均达到历史最高水平。

油气新增探明地质储量稳定增加。天然气新增探明地质储量 $10364\times10^8m^3$，同比增长77%，首次突破 $10000\times10^8m^3$，创历史新高，连续12年新增探明地质储量超过 $5000\times10^8m^3$，新增探明储量高位增长。在鄂尔多斯盆地、塔里木盆地、东海海域、南海海域分别探明神木气田、克拉苏气田、延安气田、宁波22-1、陵水17-2等5个千亿立方米气田。

天然气生产持续稳产高产，天然气产量快速增长。2014年全国天然气产量 $1243\times10^8m^3$，比2013年增加 $77\times10^8m^3$，同比增长6.6%，连续4年超过 $1000\times10^8m^3$。煤层气产量 $36.97\times10^8m^3$，同比增长26.3%。页岩气产量 $12.5\times10^8m^3$，同比增长530%。鄂尔多斯盆地天然气产量 $426\times10^8m^3$，四川、塔里木盆地天然气产量均超过 $250\times10^8m^3$，合计占全国产量的74.5%。

三、天然气的消费量

在1980~2008年间，全球天然气消费量从$14371\times10^8m^3$增长到$30187\times10^8m^3$，年均增幅达4.2%。由于地区经济发展的不平衡使得全球形成了北美、欧洲、亚太三大区域性天然气市场，2008年三大区域天然气消费量占全世界总消费量的81%。

随着我国经济的快速发展，人民生活水平不断提高。加上西气东输、忠武线、涩宁兰等输气管道的建成投产，天然气消费量增长很快，年消费量从1995年的$177\times10^8m^3$增加到2009年的$874.5\times10^8m^3$。消费增长高于产量增长，天然气产量已不能满足消费需求，也说明我国天然气消费市场发展空间仍然很大。中国历年天然气消费量及预测见表1-1。

表1-1 中国历年天然气消费量及预测

时间/年	消费量/10^8m^3	占一次能源比例/%
1995	177.0	2.1
2000	245.0	2.5
2005	479.13	2.8
2006	561.41	3.0
2007	673.0	3.5
2008	807.0	3.8
2009	874.5	4.1
2010	960.0	5.2
2020	2500.0	10.8

四、我国天然气的发展战略

为满足未来天然气的需求，我国提出了天然气工业发展思路：以市场为导向，积极利用两种资源和两个市场，即利用国内资源和国外资源、国际市场和国内市场。利用两种资源和两个市场，除加大国内天然气资源勘探开发力度，努力发现和开发大型气田外，还计划从俄罗斯、土库曼斯坦以及中东和东南亚地区进口管道天然气和液化天然气，以弥补国内资源的不足。预计未来中国将有若干天然气管网与国外管线接轨，为我国国民经济持续、健康发展服务。

为了指导天然气利用，国家发改委于2007年和2012年先后出台了《天然气利用政策》。2007 年版的《天然气利用政策》是在国内天然气资源量不足、供需矛盾极为突出的背景下制订的，侧重遏制不合理需求，缓解天然气供需矛盾。随着国内天然气上产，境外天然气引进，天然气资源量快速增加；节能减排力度不断加大，低碳经济发展，天然气利用空间广阔；天然气利用规模的扩大，对供气安全提出了更高要求。因此，2012 年根据形势发展，修订《天然气利用政策(2012)》。

《天然气利用政策(2007)》提出以“以改善环境和提高人民生活质量为目的”，而《天然气利用政策(2012)》在此基础上，明确提出了“提高天然气在一次能源消费结构中的比重”。

在天然气利用顺序中天然气发电是调整最为积极的领域。与《天然气利用政策(2007)》相比，天然气发电是《天然气利用政策(2012)》修订的重点，除了“陕、蒙、晋、皖等十三个大型煤炭基地所在地区建设基荷燃气发电项目(煤层气(煤矿瓦斯)发电项目除外)”此条保留外，其他天然气项目将由允许类、限制类调整为优先类、允许类，调整幅度最大，主要是基于以下几点：一是相比其他能源，天然气发电综合看，成熟安全清洁，是最现实的实现低碳经济的发电能源；二是天然气供应量的大幅提升，需要天然气发电等大型用气项目支撑；三是天然气电厂启停灵活，作为可中断用户为天然气管道发挥调峰作用，有利于天然气管网的安全平稳运行；四是用于工业供热的热电联产项目，能快速增加天然气消费量；五是天然气分布式能源的综合能源利用效率高，可达 70%以上。

2012 版放宽工业燃料中天然气的置换领域以改善环境、促进节能减排。与《天然气利用政策(2007)》相比，在天然气利用领域中，工业燃料的利用顺序进行了适当的调整，然而从具体的调整内容看有明显的放宽迹象。比如在允许类增加了“城镇(尤其是特大、大型城市)中心城区的工业锅炉燃料天然气置换项目”。此条的加入，无疑是对国家加强 PM2.5 指数监控的呼应。通过放宽天然气在工业燃料领域的应用，特别是在中心城区的大量利用，有利于改善大气环境，提高利用效率，促进节能减排。

无论是天然气在供不应求还是供需形势好转的情况下，国家主管部门始终坚持重视天然气安全平稳运行管理，与《天然气利用政策(2007)》相比，措施更为全面：在优先类用户中，鼓励双燃料、可中断用户以及应急和调峰功能的天然气储存设施；在保障措施中要求做好供需平衡，安全稳定保供；鼓励天然气用气量季节差异较大的地区，研究推行天然气季节差价和可中断气价等差别性气价政策；坚持以产定需，所有新建天然气利用项目(包括优先类)申报核准时必须落实气源等等。这些方面均为了实现天然气的安全平稳运行，充分说明对安全平稳运行管理的强化和重视。

第三节　天然气利用模式

天然气作为一种优质、高效、清洁的能源和化工原料，在世界能源结构中的地位和作用不断提升。2010 年，世界天然气消费量为 $3.17\times10^{12}m^3$，在一次能源消费结构中占 23.8%。不同国家对于天然气的利用方向不同，总体上可以归纳为三种利用模式：结构均衡型、以发电为主型以及以城市燃气为主型。

1. 结构均衡型

结构均衡型就是在天然气利用结构中城市燃气、工业燃料（国际上通常将化工类利用列入工业燃料中）和发电的比例相对比较平均，基本上是“三分天下”。

国际上属于此种模式的国家以美国最为典型。2009 年，美国天然气消费量为 $6466\times10^8m^3$，天然气消费结构为：城市燃气占 37%、工业燃料占 30%、天然气发电占 33%。消费结构均衡见表 1-2 和图 1-1。

表 1-2　2009 年美国天然气消费结构

城镇燃气	37%	天然气发电	33%
工业燃料	30%		

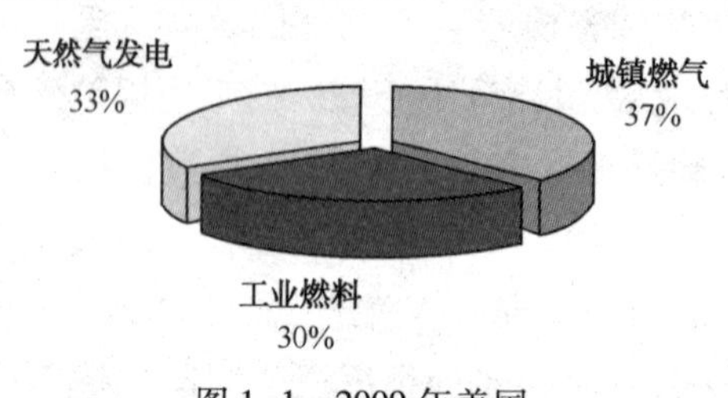

图 1-1　2009 年美国天然气消费结构

美国天然气市场已处于成熟期，自 1970 年消费量达到 $6000\times10^8m^3$以来，40 年的时间里天然气消费量呈现一个相对平稳的增长过程。2009 年天然气居民用户 7000 万户，城市气化率为 85% 以上；2010 年的天然气消费量达到 $6830\times10^8m^3$。由于城市燃气市场相对稳定，预计未来美国天然气消费增长主要靠工业和发电拉动，但增长幅度有限，预计 2030 年美国的天然气需求量为 $7400\times10^8m^3$，仅比 2010 年增长不到 $600\times10^8m^3$，结构均衡型这一天然气利用模式在美国将持续下去。

2. 以发电为主型

以发电为主型是在天然气利用结构中天然气发电所占比例大，基本上是“发电独大”。国际上属于此种模式的国家包括日本、韩国、俄罗斯等。以日本为例，2010 年，日本天然气消费量为 $945\times10^8 m^3$，其中近 60%用于天然气发电。

日本的天然气发展是从 20 世纪 60 年代进口 LNG 开始快速发展起来的，为了大规模发展市场，日本把绝大多数天然气用于发电，在利用天然气的初期，天然气发电所占比例甚至超过 70%。经过 40 多年的发展，尽管其他行业的天然气利用所占比例有所增加，但是天然气发电所占比例一直维持在 60%左右。2011 年发生的日本福岛核危机事件，对其天然气发电有一定的促进作用。今后天然气发电仍是主要方向，以发电为主型的天然气利用模式在日本还将持续下去。

3. 以城市燃气为主型

以城市燃气为主型即在天然气利用结构中城市燃气所占比例较大。国际上属于此种模式的国家包括荷兰、英国等。以荷兰为例，参见表 1-3 和图 1-2，可以看出 2010 年荷兰天然气消费以城市燃气为主。

表 1-3　2010 年荷兰天然气消费结构

城镇燃气	56%	天然气发电	11%
工业燃料	33%		

从 1959 年发现格罗宁根大气田开始，荷兰的天然气消费量开始不断增加，1973 年达到 $400\times10^8 m^3$。经过近 50 年的发展，荷兰的天然气消费量基本上维持这一水平，2010 年荷兰天然气消费量为 $436\times10^8 m^3$。目前，荷兰各行业的天然气普及率非常高，98%的民用部门、70%的商业部门、65%的工业部门、100%的暖房种植业都在利用天然气。荷兰的天然气市场现已高度成熟，在规模和普及率上保持稳定，以城市燃气为主型的天然气利用模式将持续下去。

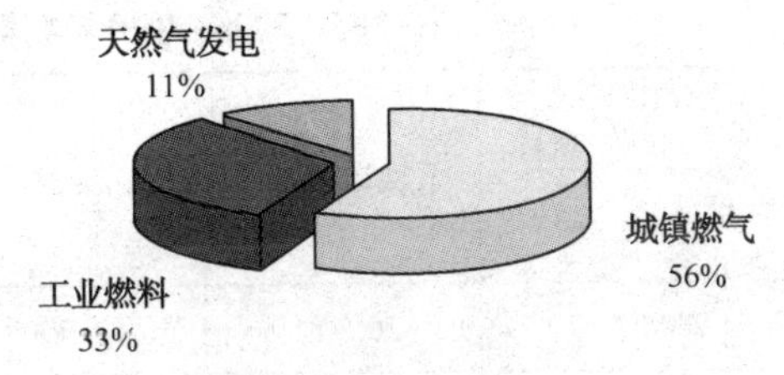

图 1-2　2010 年荷兰天然气消费结构

天然气作为一种优质高效的清洁能源和化工原料，已被广泛地应用于我国国民经济生产和生活中的各个领域，主要用于城市燃气、工业燃料、化工和发电这四大行业。2000 年以来，我国天然气消费进入快速增长阶段，

2010 年我国天然气消费量突破 $1000\times10^8m^3$ 大关，达到 $1073\times10^8m^3$，在一次能源消费总量中所占比例为 4.4%。“十一五”期间，我国天然气消费增长尤其迅速，天然气消费量年均增长 $123\times10^8m^3$，年均增长率为 18.5%。

“九五”前，由于没有天然气外输管道，我国基本上是就近利用天然气。由表 1-4 和图 1-3，可以看出为了利用油气田生产的天然气，1996 年我国近乎 50%的天然气用于化工。

表 1-4　1996 年我国天然气消费结构

城镇燃气	14%	天然气发电	4%
工业燃料	37%	天然气化工	45%

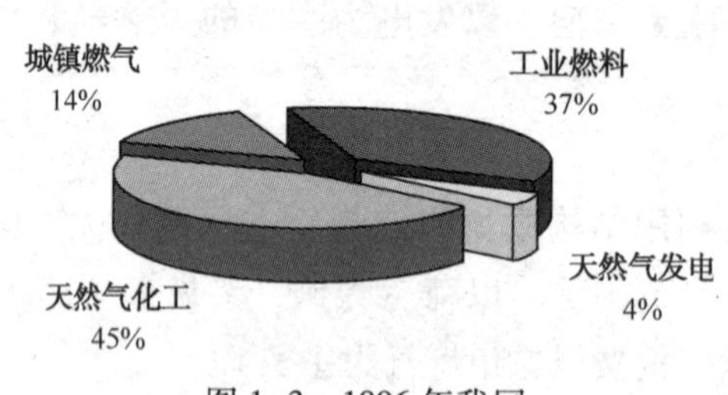

图 1-3　1996 年我国天然气消费结构

近 10 多年来，随着城市化水平和环境质量要求的提高，天然气被大量地应用于城镇燃气和工业燃料领域，天然气消费结构逐渐由以化工为主向多元结构转变，天然气利用结构不断优化，城镇燃气稳定增长，发电用气所占比例大幅提高。统计 2006～2010 年我国天然气消费结构，见表 1-5 和图 1-4。

表 1-5　2006～2010 年我国天然气消费结构

年份＼项目	城镇燃气	工业燃料	天然气发电	天然气化工
2006 年	26.30%	33.90%	5.30%	34.50%
2007 年	39%	21%	17%	23%
2008 年	34%	26%	18%	22%
2009 年	24.1%	38.70%	16.90%	20.30%
2010 年	23.80%	36.20%	20.00%	20.00%

由图 1-4 可以看出，2006～2007 年城镇燃气作为天然气的主要利用方向，随后虽然有所降低，但总体上处于稳定发展；工业燃料用气比例有所下降，主要原因是其用量由最初的油气田周边自用向城市燃气转移；发电所占比例增长较大，主要原因是长江三角洲和东南沿海地区近年来新上燃

气发电项目较多；化工用气占比大幅度下降，主要原因是受到天然气利用政策的引导和价格的抑制。

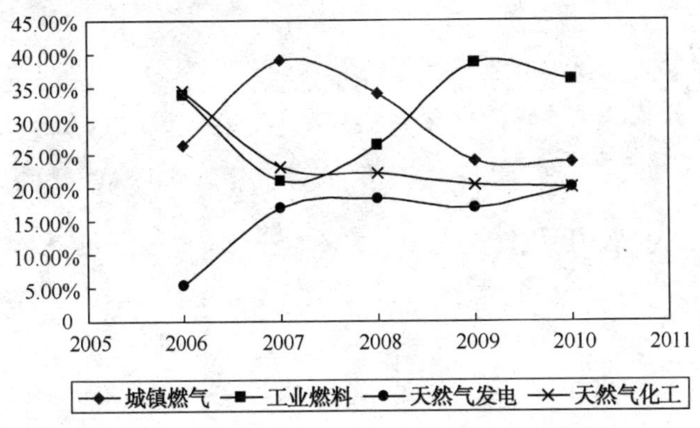

图 1-4　我国 2006~2010 年天然气消费结构图

第二章

天然气基本知识

广义的天然气泛指自然界存在的一切气体。狭义的天然气是指自然生成、在一定压力下蕴藏于地下岩层孔隙或裂缝中的混合气体，其主要成分为甲烷及少量乙烷、丙烷、丁烷、戊烷及以上烃类气体，并可能含有氮、氢、二氧化碳、硫化氢及水蒸气等非烃类气体及少量氦、氩等惰性气体。石油工业范围内，天然气通常指从气田采出的气及油田采油过程同时采出的伴生气。

第一节　天然气形成和分布

一、天然气的形成

天然气主要由深埋在地下的有机质经过厌氧菌分解、热分解、聚合加氢等过程而形成。在缺氧的条件下，随沉积物一同沉积的有机质被保存下来。随着后续沉积物的不断积累，有机质的埋藏深度不断增加。与此同时，有机质所承受的温度、压力也不断增加。当温度、压力达到一定限度时，有机质在细菌的催化作用下逐渐转化成天然气和石油。整个变化过程分为生物催化、热降解、热裂解几个阶段。

（1）生物催化阶段　开始有机质在厌氧菌作用下发生分解，部分有机质被完全分解成二氧化碳、甲烷、氨、硫化氢、水等简单分子；部分有机质则被选择分解为较小的生物化学单体，如苯酚、氨基酸、单糖、脂肪酸。上述分解产物之间又相互作用，形成较复杂的高分子固态化合物。

（2）热降解阶段　随着埋藏深度的进一步增加，温度和压力也不断升高，生物催化阶段形成的高分子固态化合物进一步发生热降解和聚合加氢等作用，转化生成气态烃类(天然气)和液态烃类(石油)。

(3) 热裂解阶段　随着埋藏深度的进一步增加，温度和压力进一步升高，催化分解和热降解的生成物发生较强烈的热分解反应，即高分子烃分解成低分子烃，液态烃裂解为气态烃，最终形成以甲烷为主的天然气。

天然气在地层中形成后，会向相邻的孔隙丰富和渗透性好的岩层转移。在地层应力、水动力和自身浮力的作用下由底层向高层移动，遇到有遮挡条件的地方停止转移，聚集形成天然气藏。

天然气的成因不仅与石油生成相关联，在地壳形成煤田的过程中，沉积的有机质也会发生类似的过程，在煤层中也会形成甲烷含量较低的天然气，也称“瓦斯”。

二、天然气的分布

世界天然气资源分布不均，地区间供需矛盾突出。天然气大部分可采储量分布在极少数国家，2008 年底，俄罗斯、伊朗、卡塔尔三个国家剩余可采储量 $98.38\times10^{12}m^3$，占世界的 53%。由此可见，天然气资源分布不均。而且世界天然气储量(尤其是大型储量)分布大多处于自然环境恶劣地区。例如，在已探明的 176 个大气田中未投入开发的近 100 个气田大多数都分布在自然环境恶劣的地区，如俄罗斯的西伯利亚北部、北极圈内、南极圈内、深海等地区。

中国沉积岩分布面积广，陆相盆地多，形成优越的多种天然气储藏的地质条件。根据第三次资源评价结果，中国天然气远景资源量为 $56\times10^{12}m^3$，可采资源量为 $22\times10^{12}m^3$，陆上资源主要集中在中西部的四川盆地、陕甘宁地区、塔里木盆地和青海，海上资源集中在南海和东海。此外，在渤海、华北等地区还有部分资源可利用。消费市场主要在东部地区，天然气利用战略近期将集中解决东部经济发达地区和大城市的供应，力求资源优化配置，实现效益最佳化。“西气东输”、“陕气进京”、“海气登陆”就是这一战略的直接体现。随着我国的社会进步和经济发展，天然气成为主要能源将是一个必然的趋势。

第二节　天然气开采过程

近几年，天然气已成为城镇的主要气源，随着我国石油工业的发展，用天然气来气化城镇的前景是十分广阔的。天然气开发利用的优点是：基建投资少、工期短、收效快。天然气是理想的气源，热值高，是城镇燃气的理想气源。综合利用天然气，经济效益高。

一、天然气储集

天然气生成之后，储集在地下岩石的孔隙、裂缝中。能储存天然气并能使天然气在其内部流动的岩层，称为储集岩层，又叫储集层。储集层是天然气气藏形成不可缺少的重要条件。

能储集天然气的岩层主要有以下几种：

(1) 碎屑岩类储集层，包括砂岩、砂层、砾石层等碎屑沉积岩。目前世界上已探明的石油、天然气储量有 40%以上是储集在这类岩层中。此类岩层的储集空间，主要是碎屑颗粒间的孔隙。

(2) 碳酸盐岩类储集层，包括石灰岩、白云岩及白云质灰岩等。目前世界上已探明的油、气储量有 57%左右是储集在此类岩层中。此类岩层的储集空间，除在成岩过程中形成的原生孔洞和裂隙外，还有次生的裂缝和孔洞。

(3) 其他岩类储集层，包括由岩浆岩、变质岩等构成的各类储集层。它们因风化、剥蚀作用或地质构造运动而形成次生孔洞或裂缝，成为储集天然气的空间。

二、天然气气藏

天然气生成之后，是呈分散状态存在于储集层中。要形成气藏，除了有良好的储集层外，还要有合适的盖层条件、气体的迁移和聚集过程等。

盖层是指储集层以上的不渗透层，它能阻止天然气的逸散。常见的盖层有泥岩、页岩、岩盐及致密石灰岩和白云岩等。

天然气在地壳内的迁移，除了天然气本身具有流动性外，还有压力、水动力、重力、分子力、毛细管力、细菌作用，以及岩石再结晶等多种外力因素作用的结果。

天然气的聚集是天然气生成和迁移过程的继续。在自然界中，天然气由分散而聚集起来的条件是：多孔隙、多裂缝的储集层；不渗透盖层所形成的拱形面；在地层中形成各种圈闭。

天然气在迁移过程中受到某一遮挡物而停止移动并聚集起来。储集层中这种遮挡物存在的地段称为圈闭。因此，圈闭是储集层中能富集天然气的容器。当一定数量的天然气在圈闭内聚集后，就形成气藏。如果同时聚集了石油和天然气，则称为油气藏。

有一个或几个气藏就组成一个气田。气田可以是单层或多层的。

三、天然气钻井、固井及完井

1. 钻井

天然气是深埋在地下的可流动矿藏，与开采煤及金属矿的方法不同，必须通过疏通诱导的方法，使天然气先流到井里，然后上升到地面。钻井技术就成为开发天然气的主要手段，也是技术水平的重要标志。

钻井是采用高速回转式钻机或涡轮式钻机，通过钻头破碎岩石，以实现钻开地层的过程。钻头是破碎岩石的主要工具，衡量钻井速度的主要指标是钻头进尺和机械钻速。提高钻头进尺，便减少了取下钻头的次数，缩短了总钻井时间。提高机械钻速，直接缩短钻井时间。因此常用这两项指标评定钻井速度。

当钻头破碎岩石时，从钻头的水眼中喷出洗井液，辅助钻头破碎岩石。带着岩屑的洗井液从钻柱与井壁的间隙带至地面。

在钻井过程中，洗井液的使用十分重要。其作用是携带、悬浮岩屑，冷却、润滑钻头，润滑钻具，清洗井底，防止井喷，保护井壁。通常采用的洗井液是泥浆，所用泥浆的相对密度是1.2~1.4。对于高压气层，需用重晶石粉($BaSO_4$)或石灰石粉($CaCO_3$)作为加重剂来提高泥浆密度。

2. 固井

在钻井过程中，常会遇到井漏、井喷和井塌等复杂情况，严重时会造成事故，影响继续钻井，甚至使气井报废。因此为了封堵钻进过程中钻穿的水层、气层、防止井壁垮塌，采用套管加固井身，这一过程称为固井。在3000m以内的气井采用三层套管固井，即表层套管、技术套管和生产套管。对特别深的井采用四层套管，即多一层技术套管。

表层套管的作用是防止井的上部不稳定松软地层坍塌，防止上面水层中的水流到井中，并用它安装井口装置。表层套管下入的深度根据不同情况而定，一般情况为200m左右。

技术套管用以隔绝地层水，防止地层水流入井中及封隔泥浆漏失，防止底层坍塌。

生产套管用于把生产层与其他层隔开，在井内建立一条气体通道。

3. 完井

钻井钻达预计深度的地层时，钻井的最后一道工序是完井。完井就是为了使气层与井筒更好地连通，根据气藏的特性和特点，在井内进行的井底与气层联系结构的完善工作。

气井的钻井和完井是钻井过程中非常重要的阶段，与气井开采有着密切关系。根据气层井底地带地层岩石种类不同，选择不同的完井方法，目前大多采用套管射孔和裸眼完井方法。

射孔完成是在钻开地层后，依次下表层套管、技术套管和生产套管，与此同时注入水泥浆，返至所需高度完成固井。然后下入射孔器向地层部位射孔，穿透套管和水泥环进入地层，为气体流入井内打开通道称为完井。

射孔完井只是在目的层部位进行，其余地方全部封闭。各个地层的气、油、水不会相互乱窜，有利于分层开采。

四、天然气集输

天然气集输系统，是把气田上各个气井开采出来的天然气汇集起来，并经过处理送入输气干线，它主要由井场装置、集气站、矿场压气站、天然气处理厂和干线首站等部分组成。天然气集输系统如图 2-1 所示。

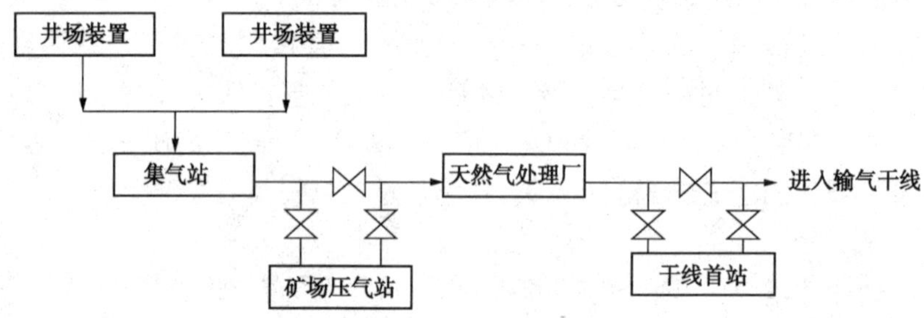

图 2-1　天然气集输系统流程图

井场装置：一般设于气井附近。从气井开采出来的天然气，经过节流，进入分离器除去油、游离水和机械杂质等，通过计量后送入集气管网。

集气站：将集气管网的天然气集中起来的地方就是集气站。在集气站上，对天然气再一次进行节流、分离、计量，然后送入集气管线。

矿场压气站（增压站）：在气田开采后期（或低压气田），当气层压力不能满足生产和输送要求时，需设置压气站，将集气站输入的低压天然气增压至规定的压力，然后输送到天然气处理厂或输气干线。

天然气处理厂：当天然气中硫化氢、二氧化碳、凝析油和含水量超过商品气质量要求或管输标准，则需要设置天然气处理厂，对其进行处理。

干线首站：在输气干线起点设置首站。它的任务是接收天然气处理厂来的商品天然气，经除尘、计量、增压后进入输气干线。

第三节　天然气处理与净化

天然气处理是从油、气井矿场分离器分出的天然气在进入输配管道或用户之前必不可少的工艺过程，因而是天然气工业中一个非常主要的组成部分。以往，人们根据工艺过程的目的不同，又将其区分为天然气处理与加工两部分，即：

天然气处理是指为使天然气符合商品质量指标或管道输送要求而采用的一些工艺过程，例如脱除酸性气体(也称脱硫脱碳，即脱除天然气中的酸性组分如 H_2S、CO_2和有机硫化物等)、脱水、脱凝液(含凝液回收)和脱除固体颗粒等杂质，以及热值调整、硫黄回收和尾气处理等过程。在我国，还习惯上把天然气脱酸性气体、脱水、硫黄回收和尾气处理等统称为天然气净化。

天然气加工时指从天然气中回收某些组分、并使之成为商品的一些工艺过程，例如天然气凝液回收、天然气液化以及提氦等过程。

因此，两者的区别在于其目的不同。例如，同样是脱除凝液(含凝液回收)过程，根据其目的既可能划归天然气处理范畴，也可能划归天然气加工范畴。

但是，随着天然气工业的迅速发展，上述一些工艺过程其处理或加工目的兼而有之，因而就无法区分属于哪种范畴而且也没有必要。因此，目前国内除了一些以天然气脱酸性气体、脱水、硫黄回收和尾气处理为主题的工厂仍沿称天然气净化厂外，其他一些包括脱凝液、脱水等在内的工厂都称之为天然气处理厂(站)。

一、天然气脱硫脱碳

如前所述，有的天然气中还含有诸如硫化氢(H_2S)、二氧化碳(CO_2)、硫化羰(COS)、硫醇(RSH)和二氧化硫(SO_2)等酸性组分。通常，将酸性组分含量超过商品气质量指标或管输要求的天然气成为酸性天然气或含硫天然气。从酸性天然气中脱除酸性组分的工艺过程统称为脱硫脱碳或脱酸气。如果此过程主要是脱除 H_2S 和有机硫化物则称之为脱硫；主要是脱除 CO_2则称之为脱碳。原料气经湿法脱硫脱碳后，还需脱水(有时还需脱油)和脱除其他有害杂质(例如脱汞)。脱硫脱碳、脱水后符合一定质量指标或要求的天然气称为净化气，脱水前的天然气成为湿净化气。

天然气脱硫脱碳主要有以下几种方法:

(1) 化学溶剂法。采用碱性溶液与天然气中的酸性组分(主要是 H_2S、CO_2)反应生成某种化合物，故也称化学吸收法。吸收了酸性组分的碱性溶液(通常称为富液)在再生时又可使该化合物将酸性组分分解与释放出来。此类方法中最具代表性的是采用有机胺的醇胺(烷醇胺)法以及有时也采用的无机碱法，例如活化热碳酸钾法。

(2) 物理溶剂法。利用某些溶剂对气体中 H_2S、CO_2 等与烃类的溶解度差别很大而将酸性组分脱除，故也称物理吸收法。此类方法具有可大量出脱酸性组分，溶剂不易变质，比热容小，腐蚀性小以及可脱除有机硫(COS、CS_2 和 RSH)等优点。目前，常用的物理溶剂法有多乙二醇二甲醚法(Selexol 法)、碳酸丙烯酯法(Fluor 法)、冷甲醇法(Rectisol 法)等。

物理吸收法的溶剂通常靠多级闪蒸进行再生，不需蒸汽和其他热源，还可同时使气体脱水。

(3) 化学-物理溶剂法。采用的溶液是醇胺、物理溶剂和水的混合物，兼有化学溶剂法和物理溶剂法的特点，故又称混合溶液法或联合吸收法。目前，典型的化学-物理吸收法为砜胺法(Sulfinol)法。

(4) 直接转化法。以氧化-还原反应为基础，故又称氧化-还原法或湿式氧化法。它借助于溶液中的氧载体将碱性溶液吸收的 H_2S 氧化为元素硫，然后采用空气使溶液再生，从而使脱硫和硫回收合为一体。此法目前在天然气工业中应用不多。

(5) 其他类型方法。除上述方法外，目前还可采用分子筛法、膜分离法、低温分离法及生物化学法等脱除 H_2S 和有机硫。

二、天然气脱水

天然气脱水是指从天然气中脱除饱和水蒸气或从天然气凝液(NGL)中脱除溶解水的过程。天然气及其凝液的脱水方法有吸收法、吸附法、低温法、膜分离法、气体汽提法和蒸馏法等，其中常用吸收法、吸附法和低温法。

(1) 吸收法。根据吸收原理，采用一种亲水液体与天然气逆流接触，从而将气体中的水蒸气进行吸收而达到脱除目的。用来脱水的亲水液体称为脱水吸收剂或液体干燥剂，也简称干燥剂。脱水前天然气的水露点与脱水后干气的露点之差成为露点降。常用露点降表示天然气的脱水深度。常用的脱水吸收剂是甘醇类化合物，尤其是三甘醇因其露点降大、成本低和运行可靠，在甘醇类化合物中经济性最好而广为采用。

（2）吸附法。采用吸附剂脱除气体混合物中水蒸气或液体中溶解水的工艺过程。其中吸附是指气体或液体与多孔的固体颗粒表面接触，气体或液体分子与固体表面分子之间相互作用而停留在固体表面上，使气体或液体分子在固体表面上浓度增大的现象。被吸附的气体或液体称为吸附质，吸附气体或液体的固体称为吸附剂。当吸附质是水蒸气或水时，此固体吸附剂又称为固体干燥剂，也简称干燥剂。

（3）低温法。将天然气冷却至烃露点以下某一低温，得到一部分富含较重烃类的液烃（即天然气凝液或凝析油），并在此低温下使其与气体分离，故其也称冷凝分离法。按提供冷量的制冷系统不同，低温法分为膨胀制冷、冷剂制冷和联合制冷法三种。

三、硫黄回收及尾气处理

硫主要以 H_2S 形态存在于天然气中。天然气中含有 H_2S 时不仅会污染环境，而且对天然气生产和利用都有不利影响，故需脱除其中的 H_2S。从天然气中脱除的 H_2S 也可作为生产硫黄的重要原料。这样，既可使宝贵的硫资源得到综合利用，又可防止环境污染。目前硫回收的主要技术是克劳斯(Claus)法。此法通常处理含 H_2S 为15%~100%的酸性气。

1. 克劳斯硫回收工艺

酸性气中的 H_2S 转化为元素硫，是酸性气在燃烧炉内的高温热反应和在反应器内的低温催化反应中共同完成的。酸性气燃烧炉内 H_2S 氧化为元素硫的高温热反应分两步进行：

$$H_2S+3/2O_2 \longrightarrow SO_2+H_2O$$

$$2H_2S+SO_2 \longrightarrow 3/2S_2+2H_2O$$

其中三分之一 H_2S 参与第一步反应，三分之二 H_2S 参与第二步反应，转化为元素硫，在酸性气燃烧炉的高温下，硫元素基本上以 S_2 形态存在。

根据酸性气中 H_2S 含量的不同，克劳斯硫回收工艺可分为三种方法，即直流法、分流法和直接氧化法。

（1）直流法。原料气中 H_2S 体积含量大于50%时推荐采用直流法，也称为部分燃烧法。全部原料气都进入反应炉，而空气的供给量仅够供原料气中1/3体积的 H_2S 燃烧生成 SO_2，从而保证过程气中 H_2S 和 SO_2 的比为

2∶1(摩尔比)。反应炉内不存在催化剂，但 H_2S 仍能有效地转化为硫蒸气，其转化率随反应炉的温度和压力的不同而异。工业实践证明，在反应炉能达到的高温下，一般反应炉内 H_2S 的转化率可以达到 60%~70%。

其余的 H_2S 将继续在转化器内进行催化反应，转化器操作温度大致控制在比过程气中的硫露点温度高 20~30℃。二级以后转化器的转化率约为 20%~30%，催化转化后的过程气温度略有升高，经冷凝器回收热量并分离出液硫，最后的尾气要进一步处理或灼烧后用烟囱排放，各级冷凝器分离出的液硫流入硫储槽，成型后即为硫黄产品。

(2) 分流法。原料气中 H_2S 体积含量在 25%~40%的范围内推荐采用分流法。该方法先将原料气中 1/3 体积的 H_2S 送入反应炉。配以适量的空气燃烧而全部生成 SO_2，生成的 SO_2气流与其余 2/3 的 H_2S 混合后在转化器进行低温催化反应。进行的反应和直流法是相同的。

分流法一般都采用两级催化转化，H_2S 总转化率大致为 89%~92%，较适宜于规模较小的硫黄回收装置(10t/d)。

(3) 直接氧化法。直接氧化法实质上是原始克劳斯法的一种形式。原料气中 H_2S 体积含量在 2%~12%时推荐采用此法。它是将原料气和空气分别预热至适当的温度后，直接送入转化器内进行低温催化反应，所配入的空气量仍为 1/3 体积 H_2S 完成燃烧生成 SO_2所需的量。

2. 尾气处理

受化学平衡的限制，硫回收装置的硫回收率最高只能达到 97%左右，尾气中含有的 H_2S、液硫和其他有机含硫化合物，其总体积分数为1%~4%，焚烧后均以 SO_2的形式排入大气。这样不仅浪费了大量的硫资源，而且造成了严重的大气污染。为此，美国、法国和西德等国于 60 年代末均对硫回收装置的尾气处理技术开展了广泛的研究。此后的 10 年间，该工艺蓬勃发展，至今已有 20 多种工艺实现了工业化。按其原理大致可分为低温克劳斯法、还原吸收法和催化氧化法 3 大类。

(1) 低温克劳斯法。此法包括在液相中或在固体催化剂上进行低温克劳斯反应。前者在加有特殊催化剂的有机溶剂中，在略高于硫熔点的温度下，使尾气中的 H_2S 和 SO_2继续进行克劳斯反应，生成硫以提高硫的转化率。后者在低于硫露点的温度下，在固体催化剂上发生克劳斯反应，这有利于提高热力学平衡常数，反应生成的硫被吸附在催化剂上，可降低硫的蒸气压，有利于 H_2S 和 SO_2的进一步反应。

(2) 还原吸收法。用 H_2或 H_2和 CO 的混合气体作还原气，使尾气中的 SO_2和元素硫经加氢催化剂加氢还原生成 H_2S。尾气中的 COS 和 CS_2等有机

含硫化合物水解为 H_2S，再通过选择性脱硫溶剂进行化学吸收，溶剂再生解析出的酸性气返回至硫回收装置原料酸性气中继续回收元素硫。它不受 H_2S/SO_2 比例的限制，硫回收率高达99.8%，但流程复杂，投资和操作费用较高，适用于大中型硫回收装置或环境要求严格的地区。

(3) 催化氧化法。采用专利催化剂，使过程气中 H_2S 直接选择性催化氧化成元素硫。

第四节　天然气输送与储存

一、天然气输送

大宗天然气的输送目前只有两种方法，一是管道加压输送，二是将天然气液化后用专用的游轮运输。

1. 长距离输气管道输气

长距离输气管道又叫干线输气管道，它是连接天然气产地与消费地的运输通道，所输送的介质一般是经过净化处理的、符合管输气质要求的商品天然气。长距离干线输气管道管径大、压力高，距离可达数千公里，大口径干线的年输气量高达数百亿立方米。

天然气管道输送的特点如下：

(1) 气井到集气、输气干线、城市供气管网的各类场站及储气库组成的整个天然气系统是一个密闭的流体动力系统。

(2) 由于气体的可压缩性，一处的流量变化、压力波动，或多或少都会影响到其他地方。但这方面的影响不会像输油管那样严重，也不会有水击。

(3) 天然气管道比输油管道更注重安全。一处的故障和灾害性事故，可能造成部分甚至整个系统的集气、输气和供气的中断，给城市和工农业生产均带来极为严重的影响。

(4) 由于气体的密度小、体积大，大量储存困难，所以这方面的影响比输油管大得多。

(5) 天然气管道更直接为用户服务，直接供给家庭或工厂。

2. 城市燃气输配系统

天然气的生产和集输、外运是上下游一体化的，从气田至用户，天然气开采、收集、处理、运输和分配是在连续密闭的系统中进行的。输气干线沿线往往有多条分输管道，与各用气的城市管网相连，在城市附近往往设有调节输量用的地下储气库，形成巨大的输配气系统。输气管道沿线必然要有多条分输的管线，与各用气的城市管网相连。每一个地区(城市)根据其用气量的大小设有多套管网，从高压到低压有的多达4套管网。来气干线与低压管网之间，以及各级管网之间都设有调压计量站。

一个完整的城市配气系统主要由以下几个部分组成。

(1) 配气站：城市配气系统的起点和总中枢，其任务是接收干线输气管的来气，然后对其进行必要的除尘、加臭等处理，根据用户的需求，经计量、调压后输入配气管网，供用户使用。

(2) 储气站：储存天然气，用来调节城市用气的不平衡。其站内的主要设备是各种不同种类的储气罐。实际中，配气站和储气站通常合并建设，合成储配站。

(3) 调压站：设于城市配气管网系统中的不同压力级制的管道之间，或设于某些专门的用户之间，有地上式和地下式之分。站内的主要设备是调压器，其任务是按照用户的要求，对管网中的天然气进行调压，以满足用户的要求。

(4) 配气管网：输送和分配天然气到用户的管道系统。根据形状可分为树枝状配气管网和环状配气管网。前者适用于小型城市或企业内部供气，其特点是每个用气点的气体只可能来自一个方向；环状配气管网可由多个方向供气，局部故障时，不会造成全部供气中断，可靠性高，但投资大。

3. 液化天然气运输

液化天然气(LNG)是天然气经净化处理后，通过低温冷却而成的液态产物，其体积为原气态体积的1/600。为在常压下保持液态，必须将其冷却至-162℃以下。液态时，可以用液化天然气运输船运输。液化天然气运达接收的港口后，卸入接收站的低温储罐中储存，然后通过加热再汽化后，以气态形式用管道输送至用户。

二、天然气储存

1. 长输管道末端储气

一条输气管道的末端是指从该管道的最后一个压气站到干线终点的管段。如果一条干线输气管道在中间没有压气站，则将整条管道看成末段。输气管道末段中所储存的气量称末段的气体充装量。它随管道中气体温度与压力的变化而变化，输气管道末段在一定程度上类似于储气罐。管道末段储气能力是指其最大与最小气体充装量之差。若管道的温度条件不变，末段的平均压力最高值对应气体最大充装量；平均压力最低值，对应最小气体充装量。

输气管道末段的储气能力与管道的横截面积成正比，因此，增大管径是提高末段储气能力的有效方法。末段储气能力随末段长度而变化，在一定范围内，储气能力随末段长度增加而增大，但当超过某个长度界限时，储气能力将随末段长度增大而减小。

2. 天然气储罐

储存气态天然气的天然气储罐(又称气柜)，通常为地上钢罐。根据储气压力的大小，将其分为低压罐和高压罐。低压罐的容积可以随储气量变化，罐内的储气压力一般为1~4kPa，最高不超过6kPa。高压储气罐的容积是不变的，它通过罐内压力的变化改变储气量，罐内储气压力一般在0.8~2kPa之间。

3. 地下储气库

与地上储气设施相比，地下储气库具有容量大、适应性强、经济性好、安全度高、占地面积少、环境影响小等一系列优点。

地下储气库的作用如下：

(1) 供气系统调峰。通常把地下储气库建在用气中心附近，当供气量大于用气量时，多余的天然气注入地下储气库中储存起来；当用气量大于供气量时，不足的气量由该储气库来补充。

(2) 提供应急气源。在供气系统上游因故停产或部分停产、干线输气管道事故停输或因故障降量输送的情况下，位于用气区附近的地下储气库可以作为应急气源维持供气。

(3) 天然气战略储备。由于地下储气库的储气容量大，因而可以作为国家、地区或企业的天然气战略储备基地，用于在正常气源较长时间内不能保障供气的情况下维持供气。

(4) 大然气贸易和价格套利。利用天然气的季节差价进行天然气买卖的收入。由于地下储气库容量巨大，因而可以在地区乃至国际天然气贸易中扮演重要角色。

4. 天然气其他储存方式

(1) 液化储存。将天然气冷却到-161℃以下时，天然气在常压下转化为液体进行储存。

(2) 溶解储存。天然气可以溶解在丙烷、丁烷或其混合物(通常所说的液化石油气)中，利用这种特性进行储存。

天然气溶解储存所消耗的能量比液化储存低得多，且在同样的压力和容积下比常温高压罐的储气能力高 4~6 倍。此外，这种储气方式的设备和流程简单，易于操作管理，且安全性与经济性好，因而在供气调峰中曾获得广泛应用。

(3) 固态储存。固态储存是指将天然气在一定的温度、压力与水分条件下转化为固态水合物，然后再储存在钢制储罐中。

天然气固态储存的优点是很明显的，所用的设备也不复杂，但由于再汽化速度、水源、脱水等方面的原因，这种方法还没有获得广泛应用。

第五节　天然气市场与贸易

一、天然气市场与分类

广义的天然气市场是“所有天然气交易发生的场合，包括交易场所和交易本身。”

天然气商品的有形市场交易是指在固定的场所，按照一定的交易规则，以天然气商品为最终目标的物的交易。进行天然气商品交易的市场可能有两种：无形市场和有形市场。

无形市场是相对有形市场的概念。天然气商品的无形市场交易指天然气生产与使用双方按照市场经济法则确定买卖的数量和价格（在政府限价之内）的交易，这种交易没有在固定的场所中进行。

天然气商品交易包括以下三种：

(1) 现货交易。按即刻或在未来交付天然气商品的协议进行的交易。

(2) 期货交易。在期货市场上达成，是标准化的、并受法律约束，而且规定在将来某一特定地点和时间交收天然气的交易。

(3) 期货的期权交易。具有更大的灵活性，期权购买者通过支付期权权利金，即拥有按敲定价格买进或卖出相关期货合约的权利。

狭义的天然气市场是指能将天然气商品（或合约）购买者和出售者集中在一起，便于进行买卖的场所。

天然气市场分类方法如下：

(1) 按有无固定的交易场所可以将市场分为有形市场和无形市场。

(2) 按商品的交易合约是否规范可以分为现货交易和期货交易。

（3）按天然气用途分为原料气市场和燃料气市场。

（4）按照我国目前的天然气消费行业，可将天然气市场划分为工业用气市场(包括发电用气市场)、化肥用气市场、商业用气市场和居民用气市场。

（5）按天然气交易层次可分为一级市场即天然气生产企业直供用户的销售市场；二级市场就是通过城市天然气公司转供用户的销售市场，按转供次数类推为三级市场等。

二、我国天然气市场特点

1. 天然气需求进入快速发展期，市场向东部沿海地区扩展

我国是世界上较早开发利用天然气的国家之一。然而，由于受以煤为主的能源结构、经济发展水平、能源政策以及国内天然气产消两地严重错位等因素的影响，天然气在我国一直没有得到大规模地开发利用。2000 年后，随着我国天然气资源勘探开发不断取得突破，探明储量和产量不断增加，特别是 2004 年“西气东输”管道项目正式商业运作，我国天然气工业由启动期进入快速发展期，天然气消费市场迅速扩大，天然气占一次能源消费结构中的比例也逐步提高。虽然近几年我国天然气发展迅速，但与世界主要国家相比，天然气在一次能源消费结构中的比重依然很低。

2000 年以前，我国天然气消费构成以化工和工业燃料为主，城市燃气所占比例较低；近年来，随着天然气消费区域向发达地区转移以及城市化水平和环境要求的不断提高，天然气消费结构逐渐优化并向多元化方向转变。

从可持续发展角度看，国家对温室气体排放的约束和控制将会越来越严格，清洁、低碳发展方式越来越受到重视和鼓励。因此，对于推动实现低碳经济发展具有重要现实作用的天然气工业应得到快速的发展。

就地区而言，东部沿海地区是未来我国天然气的主要消费地区。根据发改委能源研究所预测，2020 年长江三角洲、环渤海、东南沿海和中南地区的天然气需求量将超过全国总需求量的 70%。届时，长江三角洲地区天然气需求量将占全国天然气总需求量的 16%~18%，是未来我国最大的天然气需求中心；环渤海地区天然气需求量将占全国天然气总需求量的 14%~16%,形成以城市清洁型和工业型为主、兼有发电型的天然气消费市场；东南沿海地区天然气需求量将占全国天然气总需求量的 15%~17%，将由目前工业型和发电型为主导的天然气市场转变为城市燃气为主、工业和发电为辅的天然气消费市场；中南地区天然气需求量将占全国天然气总需求量的13%~15%，是未来我国天然气需求增长最快的地区，形成工业为主、城市燃气次之、发电为辅的天然气消费市场。

2. 多气源供应格局正在形成，全国天然气管网基础设施逐步完善

2000年以来，随着苏里格、迪那2、普光、大牛地等气田的不断被探明，天然气储量已进入快速增长期。“十五”期间年均新增探明天然气地质储量达$4850\times10^8m^3$，“十一五”前3年年新增探明储量均在$5000\times10^8m^3$以上。截至2008年底，我国累计探明天然气地质储量已达$7.92\times10^{12}m^3$。根据目前我国的天然气探明储量、已发现气田控制与预测储量来进行预测，未来20年我国将经历一个天然气工业较快发展的时期。国内专家预测：到2020年国内天然气产量将为1500×10^8~$1800\times10^8m^3$。同时，为了满足日益增长的天然气需求，我国还将逐步加大LNG进口力度。

2009年底，国务院常务会议明确提出了2020年我国控制温室气体的行动目标，即到2020年全国单位国内生产总值的二氧化碳排放比2005年下降40%~45%，并将其作为约束性指标纳入“十二五”及其后的国民经济和社会发展中长期规划。可见，国家对温室气体排放的约束和控制将会越来越严格，清洁、低碳发展方式越来越受到推崇和鼓励。目前，我国能源产业的发展现状是，以可再生能源为代表的低碳能源虽然具有良好的发展前景，但是发展实力相对薄弱，投入大、成本高，并网发电因技术问题还有待突破；我国已明确提出大力发展水电和核电，预计2020年核电装机规模有可能突破7000×10^4kW，水电装机规模将达到3.4×10^8kW。由于目前我国煤炭在一次能源消费结构中的比例接近70%，仅靠上述可再生能源很难从根本上解决二氧化碳减排的问题。因此，现阶段或未来很长一段时间内，我国应加快发展可再生能源，同时扩大清洁能源——天然气的利用规模，最大限度地增加其在我国一次能源消耗结构中的比例。这一低碳经济发展思路比较符合我国的国情，也是目前最切实可行的策略。要使天然气在我国能源消费结构中的比例逐步增加，必须加大国内天然气的勘探开发力度，同时多渠道引进海外气源。

三、天然气贸易

天然气贸易分为管道天然气贸易和液化天然气贸易两种形式，目前两者的比例约为3∶1。液化天然气贸易首次出现在1964年，随着天然气液化技术和运输技术的发展而成为跨海天然气贸易不可替代的形式。

天然气贸易以长期合同为主，供应地点集中，现有的现货交易市场还只是区域性的。

2013 年全球天然气贸易量为 $1.036\times10^{12}m^3$，比上年增长 1.8%，远低于十年来 5.2%的平均水平，占全球天然气消费总量的 30.9%。管道气贸易量增长 2.3%，其中，俄罗斯出口净增长 12%，阿尔及利亚、挪威和加拿大出口分别下降 17.9%、4.5%、5.5%；德国和中国进口量分别增长 14%、32.4%，美国进口下降 10.9%。液化天然气(LNG)贸易量小幅增长 0.6%，在全球天然气贸易中的比重小幅下降至 31.4%。其中，韩国、中国和中南美洲 LNG 进口增长较快，涨幅分别为 10.7%、22.9%和 44.7%；西班牙、英国和法国 LNG 进口大幅下降，降幅分别为 35.6%、31.9%和 19.4%。卡塔尔仍是全球最大的 LNG 出口国，占全球出口总量的 32%。

由于天然气具有清洁能源、使用方便、综合经济效益高、价格有竞争力等特点，且随着国内天然气市场的迅速增长，落实的进口天然气项目会越来越多，进口天然气占我国天然气消费量的比例将会越来越高，中国进口量将依然保持高增长势态。

第三章

天然气资源预测方法

第一节 常用预测方法简介

一、线性回归预测

在各种预测方法中，线性回归是最为简单的一种，方法简单，容易理解，能形象直观的表现出两个变量之间的关系。在 MATLAB 工具箱中使用拟合工具箱则可以更为简便地对产量进行预测。

线性回归是利用数理统计中的回归分析，来确定两种或两种以上变量间相互依赖的定量关系的一种统计分析方法之一，运用十分广泛。分析按照自变量和因变量之间的关系类型，可分为线性回归分析和非线性回归分析，而线性回归分析又包括一元线性回归和多元线性回归。

在统计学中，线性回归(Linear Regression)是利用称为线性回归方程的最小平方函数对一个或多个自变量和因变量之间关系进行建模的一种回归分析。这种函数是一个或多个称为回归系数的模型参数的线性组合。只包括一个自变量和一个因变量，且二者的关系可用一条直线近似表示，这种回归分析称为一元线性回归分析。如果回归分析中包括两个或两个以上的自变量，且因变量和自变量之间是线性关系，则称为多元线性回归分析。

在线性回归中，数据使用线性预测函数来建模，并且未知的模型参数也是通过数据来估计。这些模型被叫做线性模型。最常用的线性回归建模是给定 x 值的 y 的条件均值是 x 的仿射函数。不太一般的情况，线性回归模型可以是一个中位数或一些其他的给定 x 的条件下 y 的条件分布的分位数作为 x 的线性函数表示。像所有形式的回归分析一样，线性回归也把焦点放在给定 x 值的 y 的条件概率分布，而不是 x 和 y 的联合概率分布（多元分析领域）。

1. 线性回归预测模型

影响客观事物变动的因素是多方面的，其影响的程度、影响的方向是千差万别的。在诸多影响因素中，哪些是基本的、起决定作用的，哪些是次要的、可以忽略不计的，必须进行深入的分析。如果有一个因素是主要的，其他因素都是次要的而且自变量与因变量之间的数据分布呈现线性趋势，则可运用一元线性回归模型预测；如果有两个或多个因素在起作用，则可配合多元线性回归模型预测等等。

模型的结果已经求解出，到底误差有多大，以及能不能应用到实际生产中，则需要对模型进行评估和检验。对线性回归预测模型的检验主要有以下几种方法：

（1）相关系数 R。一般地，若相关系数 R 的绝对值在 0.8～1 范围内，可断定回归变量之间具有较强的线性相关性。由 $R_1^2=1$ 可得 R_1 的绝对值为 1；$R_2^2=0.9$ 可得 $R_2=0.9487$，表明线性相关性较强。

（2）F 检验法。当 $F>F_{1-\alpha}(k,\ n-1,\ k-1)$ 时则拒绝原假设，即认为因变量 y 与自变量 x_1，x_2，…，x_k 之间存在显著地线性相关关系；否则认为因变量 y 与自变量 x_1，x_2，…，x_k 之间线性相关关系不显著。

（3）P 值检验法。若 $P<\alpha$（α 为预定显著水平），则说明因变量 y 与自变量 x_1，x_2，…，x_k 之间存在显著地线性相关关系。

以上三种统计检验方法推断的结果是一致的，说明因变量 y 与自变量 x_1，x_2，…，x_k 之间存在显著地线性相关关系，因而模型从整体看来是可用的。

（4）进行残差分析。残差 $e_i=y_i-\bar{y}_i$ 是各观测值 y_i 与回归方程所对应得到的拟合值 y_i 之差，实际上，它是线性回归模型中误差 ε 的估计值。$\varepsilon \sim N(0,\ \sigma^2)$ 即有零均值和常值方差，利用残值的这种特性反过来考察原模型的合理性就是残差分析的基本思想。利用 MATLAB 进行残差分析则是通过时序残差图。以观测值序号为横坐标，残差为纵坐标所得到的散点图称为时序残差图，画出时序残差图 MATLAB 语句为 rcoplot（r，rint）。通过观察残差图，可以对奇异点进行分析，还可以对误差的等方差性以及对回归函数中是否包含其他自变量、自变量的高次项及交叉项等问题给出直观的检验。图 3-1 是时序残差图，可以清楚看到大部误差条都通过零线，说明它们不是异常值，不过第 1 个样本点的误差条偏离零线较远，说明其为奇异点。

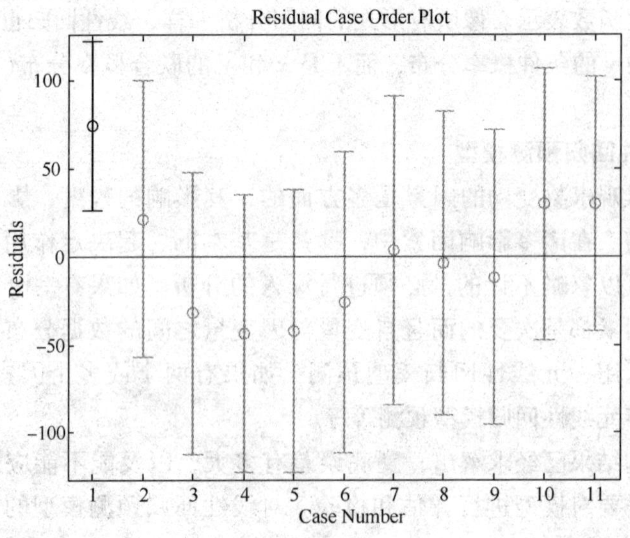

图 3-1　时序残差图

2. 拟合预测模型

使用 MATLAB 中曲线拟合工具箱进行数据拟合的预测方法，MATLAB 程序如下：

```
>>x=[2001  2002  2003  2004  2005  2006  2007  2008  2009  2010  2011];
>>y1=[303  327  350  415  493  586  692  761  830  948  1025];
>>y2=[274  292  339  397  468  561  695  807  875  1073  1290];
>>polyfit(x, y1, 1)
ans=
    1.0e+005 *
    0.0008  -1.5303
>>polyfit(x, y2, 1)
ans=
    1.0e+005 *
    0.0010  -1.9739
>>cftool(x, y1)
>>cftool(x, y2)
```

进入曲线拟合工具箱界面“Curve Fitting tool”：

(1) 点击“Data”按钮，弹出“Data”窗口；

(2) 利用 X data 和 Y data 的下拉菜单读入数据 x，y1，可修改数据集名“Data set name”，然后点击“Create data set”按钮，退出“Data”窗口，返回工具箱界面，这时会自动画出数据集的曲线图；

(3) 点击“Fitting”按钮，弹出“Fitting”窗口；

(4) 点击“New fit”按钮，可修改拟合项目名称“Fit name”，通过“Data set”下拉菜单选择数据集，然后通过下拉菜单“Type of fit”选择拟合曲线的类型；

(5) 类型设置完成后，点击“Apply”按钮，就可以在 Results 框中得到拟合结果：

Linear model Poly1：

f(x)=p1 * x+p2

Coefficients(with 95% confidence bounds)：

p1=76.59(68.3，84.88)

p2=-1.53e+005(-1.697e+005，-1.364e+005)

Goodness of fit：

SSE：1.331e+004

R-square：0.9798

Adjusted R-square：0.9775

RMSE：38.45

Linear model Poly2：

f(x)=p1 * x+p2

Coefficients(with 95% confidence bounds)：

p1=98.72(80.45，117)

p2=-1.974e+005(-2.34e+005，-1.607e+005)

Goodness of fit：

SSE：6.459e+004

R-square：0.9432

Adjusted R-square：0.9369

RMSE：84.72

(6) 得到拟合曲线如图 3-2 所示。

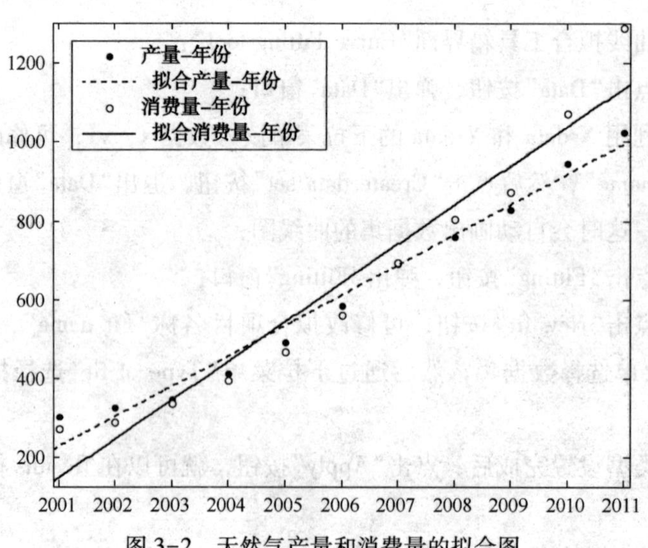

图 3-2　天然气产量和消费量的拟合图

3. 误差分析

由拟合模型得 $y1=76.59x-153000$，$y2=98.72x-197400$。利用 MATLAB 求解预测值，程序如下：

```
>>x=[2001  2002  2003  2004  2005  2006  2007  2008  2009  2010  2011];
>>y1=[303  327  350  415  493  586  692  761  830  948  1025];
>>y2=[274  292  339  397  468  561  695  807  875  1073  1290];
>>Y1=76.59*x-153000
Y1=
    1.0e+003 *
    Columns 1 through 6
    0.2566  0.3332  0.4098  0.4864  0.5630  0.6395
      Columns 7 through 11
    0.7161  0.7927  0.8693  0.9459  1.0225
>>Y2=98.72*x-197400
Y2 =
    1.0e+003 *
    Columns 1 through 6
    0.1387  0.2374  0.3362  0.4349  0.5336  0.6323
```

```
    Columns 7 through 11
0.7310   0.8298   0.9285   1.0272   1.1259
>>e1=y1-Y1
e1 =
    Columns 1 through 6
    46.4100   -6.1800   -59.7700   -71.3600   -69.9500   -53.5400
    Columns 7 through 11
    -24.1300   -31.7200   -39.3100   2.1000   2.5100
>>e2=y2-Y2
e2 =
    Columns 1 through 6
    135.2800   54.5600   2.8400   -37.8800   -65.6000   -71.3200
    Columns 7 through 11
    -36.0400   -22.7600   -53.4800   45.8000   164.0800
```

即产量预测值 Y1=[256.6 333.2 409.8 486.4 563.0 639.5 716.1 792.7 869.3 945.9 1022.5]，误差 e1=[46.4000 -6.2000 -59.8000 -71.4000 -70.0000 -53.5000 -24.1000 -31.7000 -39.3000 2.1000 2.5000]，方差 s1=1978.95；

消费量预测值 Y2=[138.7 237.4 336.2 434.9 533.6 632.3 731.0 829.8 928.5 1027.2 1125.9]，误差 e2=[135.3 54.6 2.8 -37.9 65.6 -71.3 -36 -22.8 -53.5 45.8 164.1]，方差 s2=5983.92。

通过对两个模型拟合曲线图和结果的比较，发现用曲线拟合工具箱进行数据拟合的预测方法相关性更高，误差更小，所以选用 MATLAB 曲线拟合工具箱。

二、人工神经网络预测

人工神经网络具有人脑的学习记忆功能，主要应用到数据建模、预测、模型识别和函数优化等方向，在数学建模中也经常被用到。人脑中大约有 1000 多亿个神经元，人脑仍然是人类所知最少的区域之一。正因为人脑结构错综复杂才使得从人脑科学中抽象出来的人工神经网络具有信息并行处理的能力、自学习能力和推理能力。在预测方法中，发挥重要的意义。

人工神经网络是一种应用类似于大脑神经突触联接的结构进行信息处理的数学模型。在工程与学术界也常直接简称为神经网络或类神经网络。神经网络是一种运算模型，由大量的节点(或称神经元)和之间相互联接构成。每个节点代表一种特定的输出函数，称为激励函数(activation function)。每两个节点间的连接都代表一个对于通过该连接信号的加权值，称之为权重，这相当于人工神经网络的记忆。网络的输出则依网络的连接方式，权重值和激励函数的不同而不同。而网络自身通常都是对自然界某种算法或者函数的逼近，也可能是对一种逻辑策略的表达。

人工神经网络中，神经元处理单元可表示不同的对象，例如特征、字母、概念，或者一些有意义的抽象模式。网络中处理单元的类型分为三类：输入单元、输出单元和隐单元。输入单元接受外部世界的信号与数据；输出单元实现系统处理结果的输出；隐单元是处在输入和输出单元之间，不能由系统外部观察的单元。神经元间的连接权值反映了单元间的连接强度，信息的表示和处理体现在网络处理单元的连接关系中。神经网络的拓扑结构包括网络层数、各层神经元数量以及各神经元之间相互连接的方式，三者都根据实际情况再具体确定取值。

神经网络的优点是多输入多输出实现了数据的并行处理以及自学习能力。前向反馈(back propagation，BP)网络和径向基(radical basis function，RBF)网络是目前技术最成熟、应用范围最广泛的两种网络。

1. BP 神经网络原理

BP(Back Propagation)神经网络是一种多层前馈神经网络，它的名字源于在网络训练中，调整网络权值的训练算法是反向传播算法。据统计，80%左右的神经网络模型采用了 BP 网络或者它的变异形式。BP 网络体现了神经网络中最精华、最完美的内容。BP 网络理论完备，应用广泛，研究起步早。

神经网络的拓扑结构包括网络层数、各层神经元数量以及各神经元之间相互连接的方式，三者都根据实际情况再具体确定取值。

如图 3-3 所示，BP 网络是一种具有三层或者三层以上神经元的神经网络，包括输入层、中间层(隐含层)和输出层。

BP 网络上下层之间实现全连接，而同一层的神经元之间无连接，输入神经元与隐含层神经元之间是网络的权值，其意义是两个神经元之间的连接强度。隐含层或输出层任一神经元将前一层所有神经元传来的信息进行整合，通常还会在整合过的信息中添加一个阀值，这主要是模仿生物学中神经元必须达到一定的阀值才会触发的原理，然后将整合过的信息作为该层神经元输入。当一对学习样本提供给输入神经元后，神经元的激活值(该层神经元输出值)从输入层经过各隐含层向输出层传播，在输出层的各神经元获得网络的输入响应，然后按照减少网络输出与实际输出样本之间误差的方向，从输出层反向经过各隐含层回到输入层，从而逐步修正各连接权值，这种算法称为误差反向传播算法，即 BP 算法。随着这种误差逆向传播修正的反复进行，网络对输入模式响应的正确率也不断上升。BP 算法的核心是数学中的“负梯度下降”理论，即 BP 网络的误差调整方向总是沿着误差下降最快的方向进行，常规三层 BP 网络权值和阈值调整公式见式(3-1)和式(3-2)。

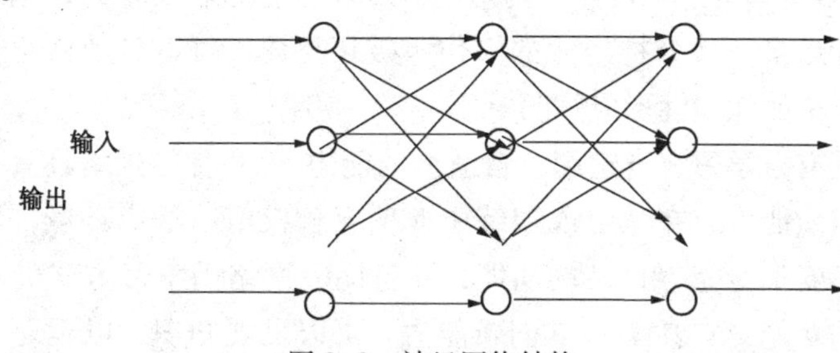

图 3-3　神经网络结构

$$\omega_{ij}(t+1)=-\eta\frac{\partial E}{\partial \omega_{ij}}+\omega_{ij}(t),\ \omega_{jk}(t+1)=-\eta\frac{\partial E}{\partial \omega_{jk}}+\omega_{jk}(t) \tag{3-1}$$

$$B_{ij}(t+1)=-\eta\frac{\partial E}{\partial B_{ij}}+B_{ij}(t),\ B_{jk}(t+1)=-\eta\frac{\partial E}{\partial B_{jk}}+B_{jk}(t) \tag{3-2}$$

其中，E 为网络输出与实际输出样本之间的误差平方和：η 为网络的学习速率即权值调整幅度：$\omega_{ij}(t)$ 为 t 时刻输入层第 i 个神经元与隐含层第 j 个神经元的连接权值；$\omega_{ij}(t+1)$ 为 $t+1$ 时刻输入层第 i 个神经元与隐含层第 j 个神经元的连接权值；$\omega_{jk}(t)$ 为 t 时刻隐含层第 j 个神经元与输出层第 k 个神经元的连接权值；$\omega_{ij}(t+1)$ 为 $t+1$ 时刻隐含层第 j 个神经元与输出层第 k 个神经元的连接权值；B 为神经元的阀值，下标的意义与权值的相同。上述 4 式便是 BP 网络的学习规则。

根据神经元中的具体激励函数表达式，可以具体地求出$\frac{\partial E}{\partial \omega_{ij}}$和$\frac{\partial E}{\partial \omega_{ij}}$解析式，因此一般激励函数都要求连续可导(功能简单的 MP 模型所使用的跳跃函数除外)。网络通过负梯度下降学习规则自行修正权值和阀值使误差平方和 E 逐步变小并最终达到理想误差。

2. BP 神经网络的特点

BP 神经网络的信息处理方式具有如下特点：

(1) 信息分布存储。人脑存储信息的特点是利用突触效能的变化来调整存储内容，即信息存储在神经元之间的连接强度的分布上，BP 神经网络模拟人脑的这一特点，使信息以连接权值的形式分布于整个网络。

(2) 信息并行处理。人脑神经元之间传递脉冲信号的速度远低于冯·诺依曼计算机的工作速度，但是在很多问题上却可以做出快速的判断、决策和处理，这是由于人脑是一个大规模并行与串行组合的处理系统。BP 神经网络的基本结构模仿人脑，具有并行处理的特征，大大提高了网络功能。

(3) 具有容错性。生物神经系统部分不严重损伤并不影响整体功能，BP 神经网络也具有这种特性，网络的高度连接意味着少量的误差可能不会产生严重的后果，部分神经元的损伤不破坏整体，可以自动修正误差。这与现代计算机的脆弱性形成鲜明对比。

(4) 具有自学习、自组织、自适应的能力。BP 神经网络具有初步的自适应与自组织能力，在学习或训练中改变突触权值以适应环境，可以在使用过程中不断学习完善自己的功能，并且同一网络因学习方式的不同可以具有不同的功能，它甚至具有创新能力，可以发展知识，以至超过设计者原有的知识水平。

3. BP 神经网络 MATLAB 工具箱

MathWorks 公司为了让用户使用方便，特意开发了神经网络工具箱。工具箱的使用的确非常便捷，节省了用户编程的时间。当然随着 MATLAB 编程能力的提升和对神经网络的深入理解，也可自行编写 MATLAB 源程序。

MATLAB 神经网络工具箱中包含了许多用于 BP 网络分析与设计的函数，主要分为以下几类函数：

(1) 前向网络创建函数：newcf、newff 和 newfftd。

(2) 激励函数：logsig、dlogsig、tansig、dtansig、purelin、dpurelin。

(3) 学习函数：learngd、learngdm。

(4) 性能函数：mse、msereg。

前向网络创建函数中可能用到的变量及其含义：

PR：由每组输入元素的最大值和最小值组成的 R * 2 的矩阵；

S_i：第 i 层的长度，共计 N 层；

TF_i：第 i 层的激励函数，默认为“tansig”；

BTF：网络的训练函数，默认为“trainlm”；

BLF：权值和阀值的学习算法，默认为“learngdm”；

PF：网络的性能函数，默认为“mse”。

4. 组建神经网络的注意事项

利用 MATLAB 软件提供的工具箱，采用 BP 网络解决非线性问题是一种便捷、有效的途径，在使用时要注意以下几个问题：

(1) 神经元节点数

网络的输入与输出节点数是由实际问题的维数决定的，与网络性能无关。而隐含层节点数 l 的设计就非常重要了，目前还没有统一的规范来解决这个问题。一般可以利用下面两个经验公式之一来确定。

$$l=\sqrt{m+n}=a \tag{3-3}$$

或

$$l=\sqrt{0.34mn+0.12n^2+2.54m+0.77n+0.35+0.51} \tag{3-4}$$

式中，m、n 分别为输入节点数目与输出节点数目；a 为 1~10 之间的常数。

隐含节点数可以根据上面两个公式得出一个初始值，然后利用逐步增长或逐步修剪法最终确定神经元的个数。逐步增长是从一个较简单网络开始，若训练结果不符合要求，则逐步增加隐含层神经元个数直到合适为止。逐步修剪则从一个较复杂的网络开始逐步删除隐含层神经元。

需要说明的是：经验公式只是确定隐含层节点数的参考方法，并不是在任何情况下都是有效的。对于一个没有任何规律、杂乱无序、拐点特别多的训练样本，经验公式有时完全失效。原因如下：

其一，神经网络的激励函数都是连续光滑的函数，无法拟合震荡特别强烈的样本；

其二，激励函数除了小波函数，常规的 S 函数都是比较平滑的，无法准确快速响应那些从“波峰”迅速衰减到“波谷”的学习样本。

所以当出现随机程度比较大的样本时，通常会一味增加隐含层神经元以便减少学习误差。但是这样做的代价是计算机硬件开销大，网络泛化能力也随之降低，并且单纯增加隐含层神经元不能完全消除学习误差。网络的性能和数据的品质有直接的关系。因此为了减少使用不必要的隐含层神经元，可以通过以下步骤筛选学习数据：

① 清理样本中过大和过小的“野点”数据。

② 采样间隔需疏密有度。

③ 训练的样本容量大小适宜，在尽量全面覆盖知识的前提下选择少一点的数据。

④ 输入、输出的样本选择要配合机理分析。只有输入和输出之间存在因果关时，使用神经网络才有意义。

如果样本训练的先后顺序没有差异，那么还可以按照以下步骤进一步筛选数据：通过对所有输入因子与所有输出因子之间的关联分析，找出各个输入因子相对输出的重要程度。依照重要程度的顺序，优化对最重要输入因子进行有规律的排序（当然输出也随之排序）。如果最重要的输入因子找不到比较好的排序方案，不妨就用单调增或单调减顺序进行排列。最重要输入因子排列完毕以后，在最重要因子的基础上，依次类推，排列次重要的输入因子。

（2）数据预处理和后期处理

MATLAB 中提供的预处理方法有如下几个：

① 归一化处理：将每组数据都变为-1～1 之间的数，所涉及的函数有 mapminmax、postmnmx、tramnmx。当然，也可以利用公式 $x_k=\frac{x_k-x_{min}}{x_{max}-x_{min}}$ 进行编程实现归一化。

② 标准化处理：将每组数据都化为均值为 0、方差为 1 的一组数据，所涉及的函数有 prestd、poststd、trastd。

③ 主成分分析：进行正交处理，可减少输入数据的维数，所涉及的函数有 prepca、trapca。

④ 回归分析和相关性分析：所用函数为 postrg 等。

下面给出归一化函数 premnmx 的简单介绍。这个函数的使用格式为

$$[pn, \min p, \max p, tn, \min t, \max t]=\text{premnmx}(p, t)$$

$$[pn, \min p, \max p]=\text{premnmx}(p)$$

其中，p 为 $R\times Q$ 维输入矩阵；t 为 $S\times Q$ 维目标矩阵；pn 为标准化的 $R\times Q$ 维输入矩阵；min$p$ 为 $R\times1$ 维包含 p 的每个分量最小值的向量；max$p$ 为 $R\times1$ 维包含 p 的每个分量最大值的向量；tn 为标准化的 $S\times Q$ 维目标矩阵；min$t$ 为 $S\times1$ 维包含 t 的每个分量最小值的向量；max$t$ 为 $S\times1$ 维包含 t 的每个分量最大值的向量。

这个函数使用的算法为 $pn=2*(p-\min p)/(\max p-\min p)-1$。对于其他函数，需要时可以利用 MATLAB 的 Help 进行查找。

（3）学习速率的选定

学习速率参数 net. trainparam. lr 不能选择的太大，否则会出现算法不收敛的情况；也不能太小，否则会使训练过程时间太长。一般选择为 0. 01～0. 1 之间的值，再根据训练过程中梯度变化和均方误差变化值来确定。

三、灰色理论预测

有些问题则是需要在求解的过程中进行数据预测，灰色模型有严格的理论基础，最大的优点就是实用。灰色预测最常用的就是单序列一阶线性微分方程模型 GM(1，1)模型，本书就是使用该模型进行天然气产量需求预测。

灰色预测是就灰色系统所做的预测。所谓灰色系统是介于白色系统和黑箱系统之间的过渡系统，其具体含义是：如果某一系统的全部信息已知为白色系统，全部信息未知为黑箱系统，部分信息已知，部分信息未知，那么这一系统就是灰色系统。一般地说，社会系统、经济系统、生态系统都是灰色系统。例如物价系统，导致物价上涨的因素很多，但已知的却不多，因此对物价这一灰色系统的预测可以用灰色预测方法。

灰色预测的类型主要有：

(1) 数列预测。对某现象随时间的顺延而发生的变化所做的预测定义为数列预测。例如对消费物价指数的预测，需要确定两个变量，一个是消费物价指数的水平。另一个是这一水平所发生的时间。

(2) 灾变预测。对发生的灾害或异常突变时间可能发生的时间预测称为灾变预测。例如对地震时间的预测。

(3) 系统预测。对系统中众多变量间相互协调关系的发展变化所进行的预测称为系统预测。例如市场中替代商品、相互关联商品销售量互相制约的预测。

(4) 拓扑预测。将原始数据作曲线，在曲线上按定值寻找该定值发生的所有时点，并以该定值为框架构成时点数列，然后建立模型预测未来该定值所发生的时点。

1. 灰色预测原理

灰色系统理论认为：系统的行为现象是朦胧的，数据是复杂的，但它毕竟是有序的，是有整体功能的。在建立灰色预测模型之前，需要对原始时间序列进行数据处理，经过数据预处理的数据序列称为生成列。对原始数据进行预处理，不是寻求它的统计规律和概率分布，而是将杂乱无章的原始数据列通过一定的方法处理，变成有规律的时间序列数据，即以数找数的规律，再建立动态模型。灰色系统常用的数据处理方式有累加和累减两种，通常用累加方法。

灰色预测通过鉴别系统因素之间的发展趋势的相异程度，并对原始数据进行生成处理来寻找系统变动的规律，生成有较强规律性的数据序列，然后建立相应的微分方程模型，从而预测事物的未来发展趋势。灰色预测的数据是通过生成数据的模型所得的预测值的逆处理结果。灰色预测是以灰色模型为基础的，在诸多的灰色模型中以灰色系统中单序列一阶线性微分方程模型 GM(1, 1)模型最为常用。下面简要地介绍 GM(1, 1)模型。

设有原始数据列 $x^0=[x^{(0)}(1), x^{(0)}(2), \cdots, x^{(0)}(n)]$，$n$ 为数据个数。

如果根据 $x^{(0)}$ 数据列建立 GM(1, 1)来实现预测功能，则基本步骤如下：

(1) 原始数据累加以便弱化随机序列的波动性和随机性，得到新数据序列：

$$x^{(1)}=(x^{(1)}(1), x^{(1)}(2), \cdots, x^{(1)}(n)) \tag{3-5}$$

其中，$x^{(1)}(\text{t})$ 中各数据表示对应前几项数据的累加。

$$x^{(1)}(t)=\sum_{k=1}^{t} x^{(0)}(k), \quad t=1, 2, \cdots, n$$

$$x^{(1)}(t+1)=\sum_{k=1}^{t+1} x^{(0)}(k), \quad t=1, 2, \cdots, n \tag{3-6}$$

(2) 对 $x^{(1)}$ 建立 $x^{(1)}(t)$ 一阶线性微分方程：

$$\frac{\mathrm{d}x^{(1)}}{\mathrm{d}t}+ax^{(1)}=u \tag{3-7}$$

其中，a，u 为待定系数，分别称为发展系数和灰色作用量，a 的有效区间是(-2, 2)，并记 a，u 构成的矩阵 $\bar{a}=\left(\frac{a}{u}\right)$。只要求出参数 a，u，就能求出 $x^{(1)}(t)$，进而求出 $x^{(0)}$ 的未来预测值。

(3) 对累加生产数据做均值生产 B 与常数项向量 Y_n，即

$$B=\begin{bmatrix} 0.5(x^{(1)}(1)+x^{(1)}(2)) \\ 0.5(x^{(1)}(2)+x^{(1)}(3)) \\ 0.5(x^{(1)}(n-1)+x^{(1)}(n)) \end{bmatrix}, \quad Y_n=(x^{(0)}(2), x^{(0)}(3), \cdots, x^{(0)}(n))^T \tag{3-8}$$

(4) 用最小二乘法求解灰参数 $\bar{a}$，则

$$\bar{a}=\left(\frac{a}{u}\right)=(B^TB)^{-1}B^TY_n \tag{3-9}$$

(5) 将灰参数 $\bar{a}$ 代入 $\frac{\mathrm{d}x^{(1)}}{\mathrm{d}t}+ax^{(1)}=u$，并对 $\frac{\mathrm{d}x^{(1)}}{\mathrm{d}t}+ax^{(1)}=u$ 进行求解，得

$$\bar{x}^{(1)}(t+1)=\left(x^{(0)}(1)-\frac{u}{a}\right)\mathrm{e}^{-at}+\frac{u}{a} \tag{3-10}$$

由于$\bar{a}$是通过最小二乘法求出的近似值，所以$\bar{x}^{(1)}(t+1)$是一个近似表达式，为了与原序列$x^{(1)}(t+1)$区分开来，故记为$\bar{x}^{(1)}(t+1)$。

（6）对函数表达式$\bar{x}^{(1)}(t+1)$及$\bar{x}^{(1)}(t)$进行离散，并将二者做差以便还原$x^{(0)}$原序列，得到近似数据序列$\bar{x}^{(0)}(t+1)$如下：

$$\bar{x}^{(0)}(t+1)=\bar{x}^{(1)}(t+1)-\bar{x}^{(1)}(t) \tag{3-11}$$

（7）对建立的灰色模型进行检验，步骤如下：

① 计算$x^{(0)}$与$\bar{x}^{(0)}(t)$之间的残差$e^{(0)}(t)$和相对误差$q(x)$：

$$e^{(0)}(t)=x^{(0)}-\bar{x}^{(0)}(t),\quad q(x)=\frac{e^{(0)}(t)}{x^{(0)}(t)} \tag{3-12}$$

② 求原始数据$x^{(0)}$的平均值$\bar{q}$以及方差s_1。

③ 求$e^{(0)}(t)$的平均值$\bar{q}$以及残差的方差s_2。

④ 计算方差比$C=\frac{s_2}{s_1}$。

⑤ 求小误差概率$P=P\{|e(t)|<0.6745s_1\}$。

⑥ 灰色模型精度检验如表 3-1 所列。

表 3-1 灰色模型精度检验对照表

等　级	相对误差 q	方差比 C	小误差概率 P
Ⅰ级	<0.05	<0.50	>0.95
Ⅱ级	<0.05	<0.50	<0.80
Ⅲ级	<0.10	<0.65	<0.70
Ⅳ级	>0.20	>0.80	<0.60

在实际应用过程中，检验模型精度的方法并不唯一。可以利用上述方法进行模型的检验，也可以根据$q(x)$的误差百分比并结合预测数据与实际数据之间的测试结果酌情认定模型是否合理。

（8）利用模型进行预测，即

$$\bar{x}^{(0)}=[\underbrace{\bar{x}^{(0)}(1),\ \bar{x}^{(0)}(2),\ \cdots,\ \bar{x}^{(0)}(n)}_{\text{原数列的模拟}},\underbrace{\bar{x}^{(0)}(n+1),\ \cdots,\ \bar{x}^{(0)}(n+m)}_{\text{未来数列的预测}}] \tag{3-13}$$

2. 灰色预测模型求解

灰色预测中有很多关于矩阵的运算，这可是 MATLAB 的特长，所以用 MATLAB 是实现灰色预测过程的首选。用 MATLAB 编写灰色预测程序时，可以完全按照预测模型的求解步骤，即

（1）对原始数据进行累加。

（2）构造累加矩阵 B 与常数向量。

(3) 求解灰参数。

(4) 将参数带入预测模型进行数据预测。

第二节 优化组合模型预测

优化组合也有多种组合方法，有的是神经网络与灰色系统进行组合，有的是灰色系统与线性回归进行组合，本书采用线性组合将三种预测方法进行优化组合，从而在一定程度上减小了误差。

一、各种预测方法的优缺点

天然气产量需求受众多因素的影响，而现在对天然气产量需求一般采用单一的预测法进行预测。每种单一预测方法均不能囊括天然气需求的所有有用信息，导致其预测结果准确性不高，预测值与实际用气量之间有较大误差。因此有必要改进预测技术，综合利用多种预测方法进行优化组合预测。实践表明，组合预测法对天然气消费需求量进行预测是适合的。

1. 线性回归预测的优缺点

线性回归预测法具有三个优点：

(1) 能研究预测对象与相关因素的相互关系，抓住预测对象变化的实质原因，因而预测结果比较可信；

(2) 能给出预测结果的置信区间和置信度，从而使预测结果更加完整和客观。

(3) 考虑了相关性，能运用有关的数理统计方法对回归方程进行统计检验，因而对预测对象变化的转折点具有一定的鉴别能力。

线性回归预测的主要缺点是：

(1) 对实际数据一视同仁，认为各数据对预测对象的影响程度相同，这是不符合实际的；

(2) 计算工作量较大，出现新数据时，一般要重新估计回归方程和进行相关分析；

(3) 回归变量选取时的主次要因素在实际建模时较难把握，变量因素的量化也是一个难点。

2. BP 网络的优缺点

BP 神经网络以其独特的非线性、非凸性、自适应性和处理各种信息的能力，广泛应用于数据的预测中。BP 神经网络有对信息并行处理及并行推理的能力，克服了原始数据少、数据残缺、数据波动性大等常规预测方法难以解决的困难，并使得预测精度有了较大的提高。BP 神经网络最主要的优点是具有极强的非线性映射能力。理论上，对于一个三层和三层以上的 BP 网络，只要隐层神经元数目足够多，该网络就能以任意精度逼近一个非线性函数。其次，BP 神经网络具有对外界刺激和输入信息进行联想记忆的能力。这是因为它采用了分布并行的信息处理方式，对信息的提取必须采用联想的方式，才能将相关神经元全部调动起来。BP 神经网络通过预先存储信息和学习机制进行自适应训练，可以从不完整的信息和噪声干扰中恢复原始的完整信息。这种能力使其在图像复原、语言处理、模式识别等方面具有重要应用。再次，BP 神经网络对外界输入样本有很强的识别与分类能力。由于它具有强大的非线性处理能力，因此可以较好地进行非线性分类，解决了神经网络发展史上的非线性分类难题。另外，BP 神经网络具有优化计算能力。BP 神经网络本质上是一个非线性优化问题，它可以在已知的约束条件下，寻找一组参数组合，使该组合确定的目标函数达到最小。

尽管 BP 网络有许多优点，但也存在几个不容忽视的问题。首先，BP 网络优化计算易陷入局部极小的问题，必须通过改进完善。其次，由于 BP 网络训练中稳定性要求学习效率很小，所以梯度下降法使得训练很慢。动量法因为学习率的提高通常比单纯的梯度下降法要快一些，但在实际应用中还是速度不够，这两种方法通常只应用于递增训练。再次 BP 网络难以确定隐层和隐节点的个数。这在很大程度上限制了多层前馈神经网络的进一步应用。另外，多层神经网络可以应用于线性系统和非线性系统中，对于任意函数模拟逼近。当然，感知器和线性神经网络能够解决这类网络问题。但是，虽然理论上是可行的，但实际上 BP 网络并不一定总能有解。对于非线性系统，选择合适的学习率是一个重要的问题。在线性网络中，学习率过大会导致训练过程不稳定。相反，学习率过小又会造成训练时间过长。和线性网络不同，对于非线性多层网络很难选择很好的学习率。对那些快速训练算法，缺省参数值基本上都是最有效的设置。非线性网络的误差面比线性网络的误差面复杂得多，问题在于多层网络中非线性传递函数有多个局部最优解。寻优的过程与初始点的选择关系很大，初始点如果更靠近局部最优点，而不是全局最优点，就不会得到正确的结果，这也是多层网络无法得到最优解的一个原因。为了解决这个问题，在实际训练过程中，应重复选取多个初始点进行训练，以保证训练结果的全局最优性。网络隐层神经元的数目也对网络有一定的影响。神经元数目太少会造成网络的不适性，而神经元数目太多又会引起网络的过适性。

3. 灰色预测的优缺点

灰色模型预测需要样本数据量少、建模过程简单。灰色系统理论可以对既含有已知信息，又含有未知或非确定信息的系统进行预测。但是灰色系统的时间响应式为指数函数，一般只适用于指数变化序列，难以描述线性变化趋势，具有一定的局限性。

二、优化组合预测模型原理

自 Bates 和 Granger 首次提出组合预测方法以来，组合预测理论在国内外得到了广泛的应用和发展，且还在不断地丰富和完善之中，至今仍是预测领域的学术热点之一，它能有效提高预测的准确性。对同一预测问题，若有几种方法，为提高预测结果的准确性，可采用优化组合预测方法。即使一个效果不佳的预测方法，只要它含有系统的独立信息，当其与组合预测方法进行组合时，同样能改善系统的预测性能。组合预测的目的是综合利用各种方法提供的信息，避免单一预测模型丢失有用信息的缺陷，减少随机性，提高预测准确性。求解组合预测问题的权重有线性、非线性、动态规划及神经网络等方法。常见的组合预测模型是以绝对误差的平方和或离差绝对值之和达到最小的准则建立起来的。以下以选择线性优化组合预测方法为例。

设原数据序列：$X=(x_1, x_2, \cdots, x_n)^T$，第 i 种$(i=1, 2, \cdots, m)$预测方法的预测结果为：$X_i=(x_{1i}, x_{2i}, \cdots, x_{ni})^T$，$m$ 种预测的线性组合预测结果为：

$$Y=\omega_1 X_1+\omega_2 X_2+\cdots+\omega_m X_m \quad (3\text{-}14)$$

[29]

另 $Y_i=X-X_i(i=1, 2, \cdots, m)$，$R$ 为 m 维的分量全为 1 的列向量，即 $R=[1 \quad 1 \quad \cdots \quad 1]^T, W=[\omega_1 \quad \omega_2 \quad \cdots \quad \omega_m]^T$，定义误差矩阵 E 为：

$$E=\begin{bmatrix} Y_1^T Y_1 & Y_1^T Y_2 & \cdots & Y_1^T Y_m \\ Y_2{}^T Y_1 & Y_2{}^T Y_2 & \cdots & Y_2{}^T Y_m \\ \vdots & \vdots & \ddots & \vdots \\ Y_m{}^T Y_1 & Y_m{}^T Y_2 & \cdots & Y_m{}^T Y_m \end{bmatrix} \quad (3\text{-}15)$$

线性组合预测模型为：

$$\min Q=W^T E W \qquad \text{s. t} \quad R^T W=1 \quad (3\text{-}16)$$

最优系数 W^* 为：

$$W^* = \frac{E^{-1}R}{R^T E^{-1} R} \tag{3-17}$$

第三节　天然气产量与消费量的预测

天然气产量及消费量数据如表 3-2 所示。

表 3-2　2001~2011 年我国天然气年产量及年消费量表　　$10^8 m^3$

年份	天然气产量	天然气消费量	净进口	产量增长率/%	消费量增长率/%
2001	303	274	-29		
2002	327	292	-35	7.92	6.57
2003	350	339	-11	7.03	16.10
2004	415	397	-18	18.57	17.11
2005	493	468	-25	18.80	17.88
2006	586	561	-25	18.86	19.87
2007	692	695	3	18.09	23.89
2008	761	807	46	9.97	16.12
2009	830	875	45	9.07	8.36
2010	948	1073	125	14.22	22.64
2011	1025	1290	265	8.12	20.28

一、线性回归预测

由表 3-2 可知，因为只有一个自变量，所以选择一元线性回归预测模型比较合适。

一元线性回归分析预测法，是根据自变量 x 和因变量 y 的相关关系，建立 x 与 y 的线性回归方程进行预测的方法。由于市场现象一般是受多种因素的影响，而并不是仅仅受一个因素的影响。所以应用一元线性回归分析预测法，必须对影响市场现象的多种因素做全面分析。只有当诸多的影响因素中，确实存在一个对因变量影响作用明显高于其他因素的变量，才能将它作为自变量，应用一元相关回归分析市场预测法进行预测。确定直线的方法是最小二乘法。最小二乘法的基本思想：最有代表性的直线应该是直线到各点的距离最近，然后用这条直线进行预测。

假设年份序号 x(年)为自变量，我国天然气年产量 $y1$(10^8m^3)以及我国天然气年消费量 $y2$(10^8m^3)为两个因变量。

首先，利用上表的数据分别作出 $y1$ 对 x 和 $y2$ 对 x 的散点图，在 MATLAB 命令窗口输入程序：

```
>>x=[2001  2002  2003  2004  2005  2006  2007  2008  2009  2010  2011];
>>y1=[303  327  350  415  493  586  692  761  830  948  1025];
>>y2=[274  292  339  397  468  561  695  807  875  1073  1290];
>>subplot(1, 2, 1)
>>plot(x, y1, '^')
>>grid on                    %添加网格
>>lsline                     %在散点图上追加最小二乘拟合直线图
>>title ('y1与x的散点图')
>>subplot(1, 2, 2)
>>plot(x, y2, 'o')
>>grid on
>>title('y2与x的散点图')
>>lsline
```

执行命令后输出的结果如图 3-4 所示。

从两个图中可以发现大部分点是分布在直线两边的，说明 $y1$ 和 $y2$ 与 x 之间有比较好的线性关系，因此可以建立如下的一元线性回归模型：

$$y1=\alpha_1+\beta_1 x,\ y2=\alpha_2+\beta_2 x \tag{3-18}$$

下面对回归模型结果及检验：

假设基本的回归方程为：$y1=\alpha_1+\beta_1 x$，$y2=\alpha_2+\beta_2 x$。下面根据试验数据，用 MATLAB 统计工具箱中的命令 regress 进行求解，其一般使用格式为：

[b, bint, r, rint, stats]=regress(y, x, alpha)

将 MATLAB 输出的结果整理如表 3-3 所示。

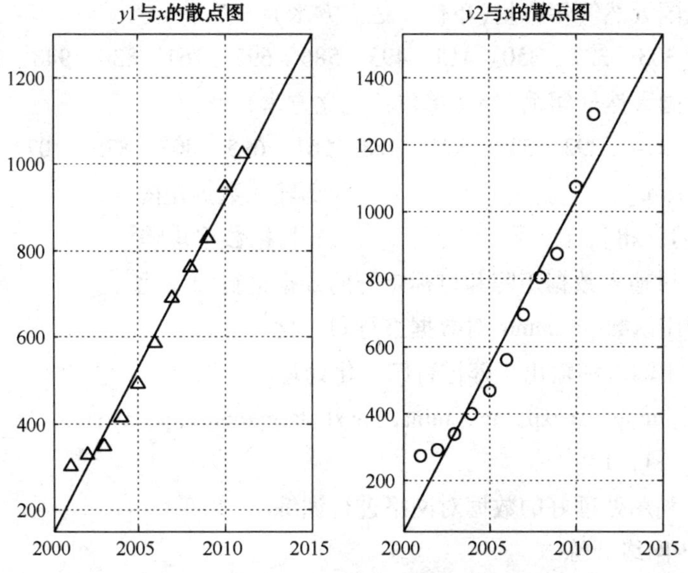

图 3-4　产量和消费量与年份的散点图

表 3-3　MATLAB 程序的计算结果表

参　　数	参数估计值	参数置信区间
α_1	-1.5303×10^5	[-169670　-136390]
β_1	0.0008×10^5	[70　80]
α_2	-1.9739×10^5	[-234040　-160730]
β_2	0.0010×10^5	[80　　120]
$R_1^2=1$	$F_1=436.4$	$P_1=0$
$R_2^2=0.9$	$F_1=149.4$	$P_2=0$

因此，得到基本的回归方程为：$y1=80x-153030$，$y2=100x-197390$。

二、BP 神经网络预测

通过 MATLAB 软件可以对建立的 BP 神经网络预测模型，利用 BP 神经网络工具箱进行求解，具体步骤及相应的 MATAB 程序如下：

（1）原始数据的输入

```
clc
%原始数据
%年份(单位：年)
sqnf=[2001  2002  2003  2004  2005  2006  2007  2008  2009
2010  2011];
```

```
%我国天然气年产量(单位：亿立方米)
cl=[303  327  350  415  493  586  692  761  830  948  1025];
%我国天然气年消费量(单位：亿立方米)
xfl=[274  292  339  397  468  561  695  807  875  1073  1290];
p=[sqnf];                              %输入数据矩阵
t=[cl; xfl];                           %目标数据矩阵
```

（2）对输入数据矩阵和目标矩阵的数据进行归一化

```
%利用函数 premnmx 对数据进行归一化
%对于输入和输出矩阵进行归一化处理
[pn, minp, maxp, tn, mint, maxt]=premnmx(p, t);
dx=[-1, 1];
```

（3）利用处理好的数据对网络进行训练

```
%BP 网络训练
net=newff(dx, [1, 3, 2], {'tansig','tansig','purelin'},'traingdx');
%建立模型，并用梯度下降法训练
net.trainParam.show=1000;         %1000 轮回显示一次结果
net.trainParam.Lr=0.05;           %学习速率为 0.05
net.trainParam.epochs=50000;      %最大训练轮回为 50000 次
net.trainParam.goal=0.005;        %均方误差
net=train(net, pn, tn);           %开始训练，其中 pn，tn 分别为输入
                                  输出样本
```

（4）利用训练好的 BP 网络对原始数据进行仿真

```
%利用原始数据对 BP 网络仿真
an=sim(net, pn);                  %用训练好的模型进行仿真
a=postmnmx(an, mint, maxt);       %把仿真得到的数据还原为原始的数
                                  量级
```

（5）用原始数据仿真的结果与已知数据进行对比测试

```
%因样本容量有限使用训练数据进行测试，通常必须用新鲜数据进行测试
x=2001:2011;
newc=a(1,:);
newx=a(2,:);
figure(2);
```

subplot(2, 1, 1); plot(x, newc,'r-o', x, cl,'b--+') %绘制产量对比图

legend('网络输出年产量','实际年产量');

xlabel('年份'); ylabel('年产量/亿立方米');

title('运用工具箱年产量学习和测试对比图');

subplot(2, 1, 2); plot(x, newx,'r-o', x, xfl,'b--+') %绘制消费量对比图 legend('网络输出年消费量','实际年消费量');

xlabel('年份'); ylabel('年消费量/亿立方米');

title('运用工具箱年消费量学习和测试对比图') %利用训练好的网络进行预测

(6) 利用训练好的 BP 网络对新数据进行仿真

%利用训练好的网络进行预测

%当用训练好的网络对新数据 pnew 进行预测时，也应作相应的处理

```
pnew=[2012  2013];                       %2012 年和 2013 年的相关数据
pnewn=tramnmx(pnew, minp, maxp);         %利用归一化参数对新数据进行归一化
anewn=sim(net, pnewn);                   %利用归一化后的数据进行仿真
anew=postmnmx(anewn, mint, maxt)         %把仿真得到的数据还原为原始的数量级
```

运行这部分程序，可以得到 anew 的值为[1167.2 1297.8; 1527.6 1757.0]。也就是说，2012 年和 2013 年的天然气年产量分别为 1167.2 和 $1297.8\times10^8m^3$，2012 年和 2013 年的天然气年消费量分别为 1527.6 和 $1757.0\times10^8m^3$。在使用程序时，只要把上面的 6 个程序顺序输入到 MATLAB 的 M 文件中运行即可。

图 3-5 是实际样本与网络输出值之间的训练和测试的对比图，显然两者之间非常接近，误差极小，因此能够放心进行预测。这里需要说明的是，本案例因为样本数量比较少，测试阶段使用了训练样本。通常情况下，为了测试网络的推理能力，是不宜用训练样本去测试神经网络性能的，应该选用"新鲜"没有使用的数据进行测试。

运行该程序，得

```
SSE =
    0.0127
anew =
    1.0e+003 *
```

```
1.1672   1.2978
1.5496   1.8144
newc =
1.0e+003 *
Columns 1 through 10
0.3006   0.3218   0.3574   0.4144   0.4947   0.5890   0.6823
0.7678   0.8497   0.9351
Column 11
1.0284
newx =
1.0e+003 *
Columns 1 through 10
0.2765   0.3006   0.3374   0.3926   0.4691   0.5640   0.6710
0.7895   0.9250   1.0836
Column 11
1.2677
```

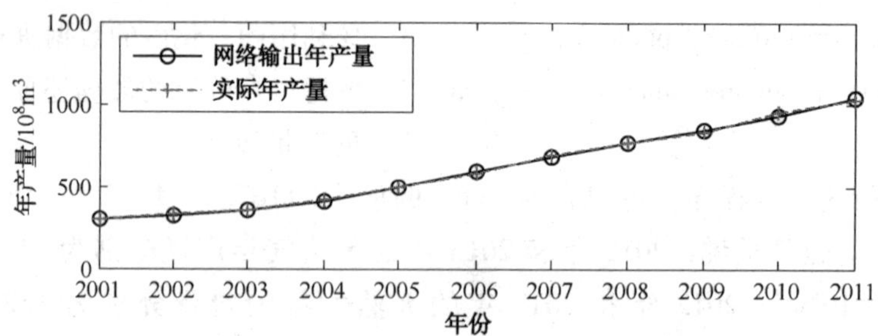

(a) 神经网络工具箱年消费量学习和测试对比图(一)

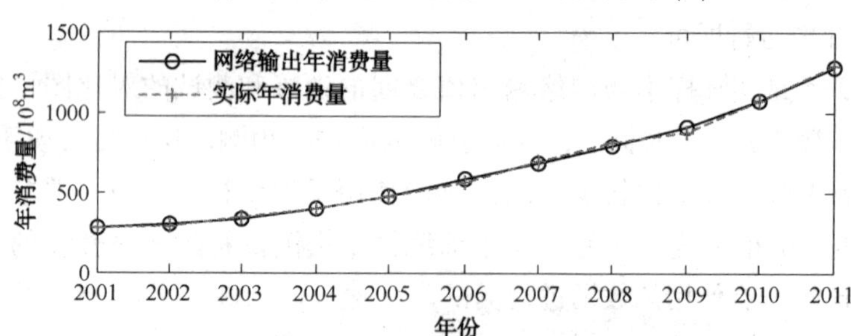

(b) 神经网络工具箱年消费量学习和测试对比图(二)

图 3-5　实际样本与网络输出值之间的训练和测试的对比图

如图 3-6 为使用 MATLAB 源程序做出的对比图。

由以上两种方法均可求出天然气产量需求的预测值，与实际值一对比计算，即可求出对应的绝对误差和方差。

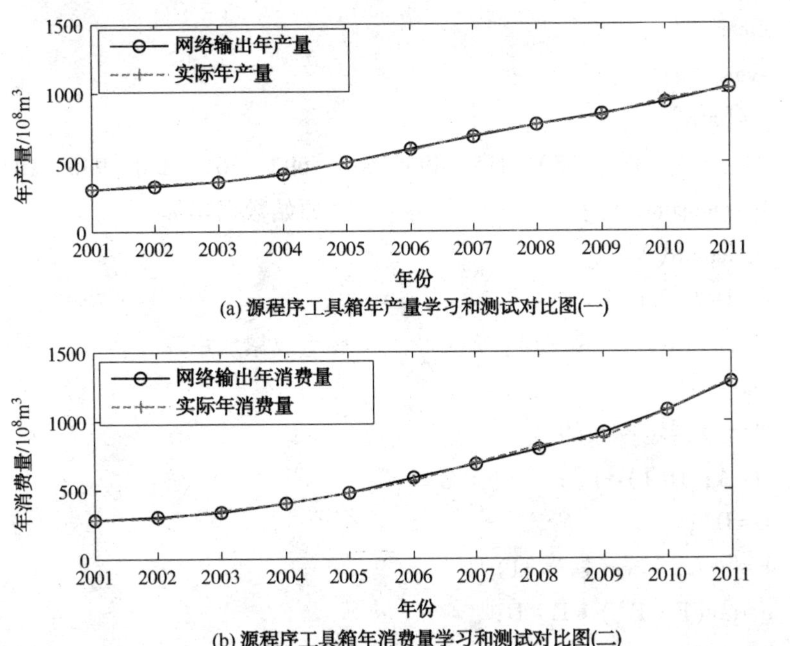

(a) 源程序工具箱年产量学习和测试对比图(一)

(b) 源程序工具箱年消费量学习和测试对比图(二)

图 3-6　使用 MATLAB 源程序做出的实际样本与网络输出值之间的训练和测试的对比图

BP 神经网络预测的天然气产量值为 Y1 = [300. 6　321. 8　357. 4　414. 4　494. 7　589. 0　682. 3　767. 8　849. 7　935. 1　1028. 4]，误差 e1 = [2. 4000　5. 2000　-7. 4000　0. 6000　-1. 7000　-3. 0000　9. 7000　-6. 8000　-19. 7000　12. 9000　-3. 4000]，方差 s1 = 73. 29；

BP 神经网络预测的天然气消费量值为 Y2 = [276. 5　300. 6　337. 4　392. 6　469. 1　564. 0　671. 0　789. 5　925. 0　1083. 6　1267. 7]，误差 e2 = [-2. 5000　-8. 6000　1. 6000　4. 4000　-1. 1000　-3. 0000　24. 0000　17. 5000　-50. 0000　-10. 6000　22. 3000]，方差 s2 = 373. 11。

利用神经网络工具箱的程序较为简单，使用方便，但是不灵活，不便于对神经网络深层次的理解。而源程序虽然较为复杂，但是可以帮助初学者从本质上理解 BP 神经网络。两种方法各有利弊，误差也较小，比线性回归预测的结果更准。

三、灰色理论预测模型

1. 预测产量

利用以上的求解步骤对天然气产量进行预测，具体的 MATLAB 程序如下：

```
clear
syms a b;
c=[a b]';
A=[303  327  350  415  493  586  692  761  830  948  1025];
B=cumsum(A);                          %原始数据累加
n=length(A);
for i=1:(n-1)
C(i)=(B(i)+B(i+1))/2;                 %生成累加矩阵
end
%计算待定参数的值
D=A; D(1)=[];
D=D';
E=[-C; ones(1, n-1)];
c=inv(E*E')*E*D;
c=c';
a=c(1); b=c(2);
%预测后续数据
F=[]; F(1)=A(1);
for i=2:(n+10)
F(i)=(A(1)-b/a)/exp(a*(i-1))+b/a;
end
G=[]; G(1)=A(1);
for i=2:(n+10)
G(i)=F(i)-F(i-1);                     %得到预测出来的数据
end
t1=2001:2011;
t2=2001:2021;
G
plot(t1, A,'o', t2, G)                %原始数据与预测数据的比较
```

运行该程序，得到的预测数据如下：

```
G =
    1.0e+003 *
    Columns 1 through 9
    0.3030    0.3432    0.3894    0.4418    0.5012    0.5686    0.6451
```

0.7319　0.8304

Columns 10 through 18

0.9420　1.0688　1.2125　1.3756　1.5606　1.7706　2.0087　2.2789　2.5855

Columns 19 through 21

2.9332　3.3278　3.7754

a =

-0.1262

b =

283.8044

该程序还显示了预测数据与原始数据的比较图，如图 3-7 所示。

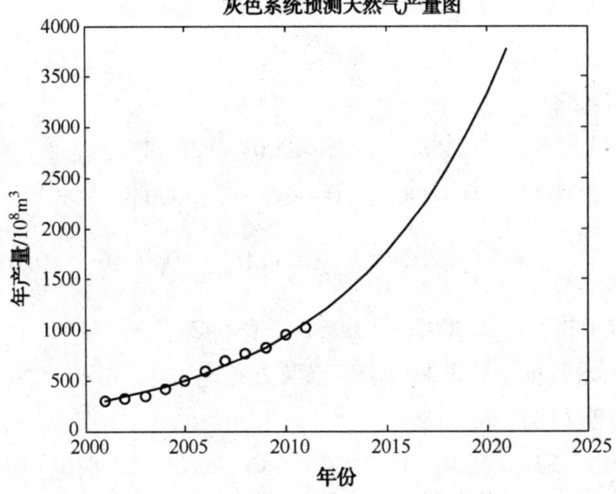

图 3-7　天然气产量预测数据与原始数据的比较图

下面对天然气产量预测结果进行检验。

(1) 计算 $x^{(0)}$ 与 $\bar{x}^{(0)}(t)$ 之间的残差 $e^{(0)}(t)$ 和相对误差 $q(x)$。

$x^{(0)}=(x^{(0)}(1), x^{(0)}(2), \cdots, x^{(0)}(11))=[303\quad 327\quad 350\quad 415\quad 493\quad 586\quad 692\quad 761\ 830\quad 948\quad 1025]$，$\bar{x}^{(0)}(t)=[303.0\quad 343.2\quad 389.4\quad 441.8\quad 501.2\quad 568.6\quad 645.1\quad 731.9\quad 830.4\quad 942.0\quad 1068.8)]$，由 $e^{(0)}(t)=x^{(0)}-\bar{x}^{(0)}(t)$，$q(x)=\dfrac{e^{(0)}(t)}{x^{(0)}(t)}$可得，

MATLAB 程序为

```
>>a=[303  327  350  415  493  586  692  761  830  948  1025];
>>b=[303.0  343.2  389.4  441.8  501.2  568.6  645.1  731.9
830.4  942.0  1068.8];
```

```
>>c=a-b
c =
    Columns 1 through 10
    0    - 16.2000    - 39.4000    - 26.8000    - 8.2000    17.4000
46.9000    29.1000    -0.4000    6.0000
    Column 11
    -43.8000
>>d=c./a
d =
    Columns 1 through 10
    0    -0.0495    -0.1126    -0.0646    -0.0166    0.0297    0.0678
0.0382    -0.0005    0.0063
    Column 11
    -0.0427
```

即 $e^{(0)}(t)$= [0 -16.2000 -39.4000 -26.8000 -8.2000 17.4000 46.9000 29.1000 -0.4000 6.0000 -43.8000],

$q(x)=\frac{e^{(0)}(t)}{x^{(0)}(t)}$= [0 -0.0495 -0.1126 -0.0646 -0.0166 0.0297 0.0678 0.0382 -0.0005 0.0063 -0.0427]。

(2) 求原始数据 $x^{(0)}$ 的平均值 $\bar{q}$ 以及方差 s_1。

MATLAB 程序为

```
>>a=[303   327   350   415   493   586   692 761   830   948   1025];
>>mean(a)
ans =
    611.8182
>>var(a)
ans =
    6.5859e+004
```

即$\bar{q}$=611.8182，s_1=6.5859e+004=65859

(3) 求 $e^{(0)}(t)$的平均值$\bar{q}$以及残差的方差 s_2。

MATLAB 程序为

```
>>a=[0   - 16.2000   - 39.4000   - 26.8000   - 8.2000   17.4000
46.9000   29.1000   -0.4000   6.0000   -43.8000];
>>mean(a)
```

ans =

-3.2182

>>var(a)

ans =

779.0136

即 $\bar{q}=-3.2182$，$s_2=779.0136$。

（4）计算方差比 $C=\frac{s_2}{s_1}$。

$$C=\frac{s_2}{s_1}=779.0136/65859=0.0118$$

（5）求小误差概率 $P=P\{|e(t)|<0.6745s_1\}$。

$P=P\{|e(t)|<44422\}=1$

（6）对照灰色模型精度检验表进行检验。

相对误差 $q<0.05$，灰色模型的精度等级为Ⅱ级。方差比 $C=0.0118<0.35$，精度等级为Ⅰ级。小误差概率 $P=1>0.95$，精度等级为Ⅰ级。

2. 预测消费量

下面对天然气预测结果进行预测，原理同预测产量一样，具体的 MATLAB 运行结果如下：

```
G =
    1.0e+003 *
    Columns 1 through 11
    0    0.2910    0.3428    0.4038    0.4756    0.5602    0.6599    0.7773
    0.9155    1.0784    1.2702
    Columns 12 through 21
    1.4962    1.7624    2.0759    2.4451    2.8801    3.3924    3.9959
    4.7067    5.5440    6.5302
```

该程序还显示了天然气年消费量预测数据与原始数据的比较图，如图 3-8所示。

为了能够得知所建立的灰色模型是否准确，就要对模型进行检验，计算出模型的精度等级。

天然气消费量的检验

（1）计算 $x^{(0)}$ 与 $\bar{x}^{(0)}(t)$ 之间的残差 $e^{(0)}(t)$ 和相对误差 $q(x)$：

$x^{(0)}=(x^{(0)}(1), x^{(0)}(2), \cdots, x^{(0)}(11))=[274 \quad 292 \quad 339 \quad 397 \quad 468 \quad 561 \quad 695 \quad 807\ 875 \quad 1073 \quad 1290]$；$\bar{x}^{(0)}(t)=[0 \quad 291.0 \quad 342.8 \quad 403.8$

475.6　560.2　659.9　777.3　915.5　1078.4　1270.2]，由 $e^{(0)}(t)=x^{(0)}-\bar{x}^{(0)}(t)$，$q(x)=\dfrac{e^{(0)}(t)}{x^{(0)}(t)}$可得，

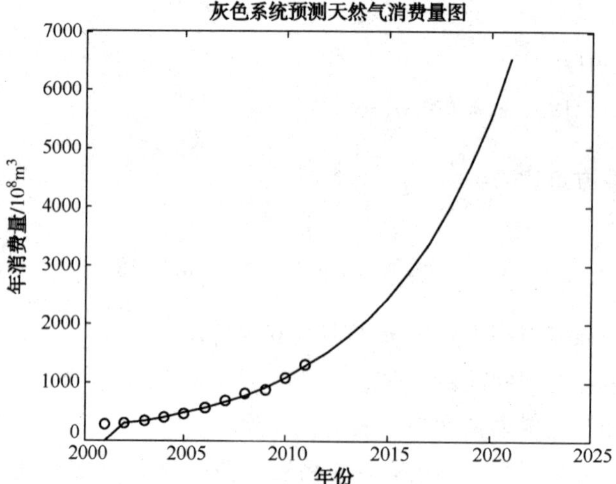

图 3-8　天然气年消费量预测数据与原始数据的比较图

MATLAB 程序为

```
>>a=[274   292   339   397   468   561   695   807   875   1073   1290];
>>b=[0   291.0   342.8   403.8   475.6   560.2   659.9   777.3   915.5   1078.4   1270.2];
>>c=a-b
c =
    Columns 1 through 10
    274.0000   1.0000   -3.8000   -6.8000   -7.6000   0.8000   35.1000   29.7000   -40.5000   -5.4000
    Column 11
    19.8000
>>d=c./a
d =
    Columns 1 through 10
    1.0000   0.0034   -0.0112   -0.0171   -0.0162   0.0014   0.0505   0.0368   -0.0463   -0.0050
    Column 11
    0.0153
```

即 $e^{(0)}(t)$ = [274.0000　1.0000　-3.8000　-6.8000　-7.6000　0.8000　35.1000　29.7000　-40.5000　-5.4000　19.8000]，

$q(x)$ = [1.0000　0.0034　-0.0112　-0.0171　-0.0162　0.0014　0.0505　0.0368　-0.0463　-0.0050　0.0153]。

（2）求原始数据 $x^{(0)}$ 的平均值$\bar{q}$以及方差 s_1。

MATLAB 程序为

```
>>mean(a)
ans =
     642.8182
>>var(a)
ans =
     1.1366e+005
```

即$\bar{q}$=642.8182，s_1=1.1366e+005=11366。

（3）求 $e^{(0)}(t)$的平均值$\bar{q}$以及残差的方差 s_2。

MATLAB 程序为

```
>>mean(c)
ans =
     26.9364
>>var(c)
ans =
     7.1390e+003
```

即$\bar{q}$=26.9364，s_2=7.1390e+003=7139。

（4）计算方差比 $C=\frac{s_2}{s_1}$。

$$C=\frac{s_2}{s_1}=7139/11366=0.6281$$

（5）求小误差概率 $P=P\{|e(t)|<0.6745s_1\}$。

$$P=P\{|e(t)|<7666.4\}=1$$

（6）对照灰色模型精度检验表进行检验。

相对误差 $q<0.1$ 或 $q>0.2$，精度等级为全等级。方差比 $C=0.6281<0.65$，为Ⅲ级。小误差概率 $P=1>0.95$，精度等级为Ⅰ级。

灰色预测结果及误差分析：

由以上求解结果得知，灰色预测天然气产量值为

Y1=[303.0　343.2　389.4 441.8　501.2　568.6　645.1　731.9

830.4　942.0　1068.8]，误差 e1=[0　-16.2000　-39.4000　-26.8000　-8.2000　17.4000　46.9000　29.1000　-0.4000　6.0000　-43.8000]，方差 s1=718.55；

灰色预测天然气消费量为

Y2=[0　291.0　342.8　403.8　475.6　560.2　659.9　777.3　915.5　1078.4　1270.2]，误差 e2=[274.0000　1.0000　-3.8000　-6.8000　-7.6000　0.8000　35.1000　29.7000　-40.5000　-5.4000　19.8000]，方差 s2=7215.60。

预测的消费量误差较大，尤其是 2001 年的消费量预测值竟然是 0，可能是原始数据的随机性和波动性没有得到累加法的最优弱化。另外灰色预测一般只适用于指数变化序列，难以描述线性变化趋势，具有一定的局限性。由于产量的变化趋势比消费量的增长趋势更具非线性，所以误差相对要小。灰色预测的误差比 BP 网络的误差大，但比线性回归的误差要小。

四、优化组合预测模型

1. 预测产量

原数据序列：$y1$=[303　327　350　415　493　586　692　761 830　948 1025]^T，设 $Y1$，$Y2$，$Y3$ 分别为线性回归、BP 网络和灰色预测的天然气产量值，则设三种预测的线性组合预测结果为：

$$Y=\omega_1 Y_1+\omega_2 Y_2+\omega_3 Y_3 \tag{3-19}$$

R 为 3 维的分量全为 1 的列向量，即 $R=[1\quad 1\quad 1]^T$，$W=[\omega_1\quad \omega_2\quad \omega_3]^T$，记 $e1$，$e2$，$e3$ 分别为线性回归、BP 网络和灰色预测的天然气产量值的误差，已经在前三章计算中求得，定义误差矩阵 E 为：

$$E=\begin{bmatrix} e1^Te1 & e1^Te2 & e1^Te3 \\ e2^Te1 & e2^Te2 & e2^Te3 \\ e3^Te1 & e3^Te1 & e3^Te3 \end{bmatrix} \tag{3-20}$$

则用线性组合预测模型求天然气产量预测值，MATLAB 程序如下：

```
>>e1 = [46.4000    -6.2000    -59.8000    -71.4000    -70.0000
-53.5000   -24.1000   -31.7000   -39.3000   2.1000   2.5000]´;
>>e2 = [2.4000    5.2000    -7.4000    0.6000    -1.7000    -3.0000
9.7000   -6.8000   -19.7000   12.9000   -3.4000]´;
>>e3 = [0    -16.2000    -39.4000    -26.8000    -8.2000    17.4000
46.9000   29.1000   -0.4000   6.0000   -43.8000]´;
```

```
>>E=[e1'*e1  e1'*e2  e1'*e3; e2'*e1  e2'*e2  e2'*e3;
e3'*e1  e3'*e2  e3'*e3]
E =
    1.0e+004 *
    2.1769   0.1533   0.1879
    0.1533   0.0806   0.0644
    0.1879   0.0644   0.7904
>>R=[1 1 1]'
R =
    1
    1
    1
>>W=(E^-1*R)/(R'*E^-1*R)
W =
    -0.0379
    1.0135
    0.0244
```

即 $E=\begin{bmatrix}21769 & 1533 & 1879\\1533 & 806 & 644\\1879 & 644 & 7904\end{bmatrix}$，$W^*=\dfrac{E^{-1}R}{R^TE^{-1}R}=[-0.0379\quad 1.0135\quad 0.0244]$。

所以 $Y=-0.0379Y1+1.0135Y2+0.0244Y3$，则可求得组合预测的产量值 $Y1=[302.3\quad 321.9\quad 356.2\quad 412.3\quad 492.3\quad 586.6\quad 680.1\quad 766.0\quad 848.5\quad 934.9\quad 1029.6]$，残差为 $e1=[0.7000\quad 5.1000\quad -6.2000\quad 2.7000\quad 0.7000\quad -0.6000\quad 11.9000\quad -5.0000\quad -18.5000\quad 13.1000\quad -4.6000]$，方差 $s1=70.43$。

2. 预测消费量

原数据序列：$y2=[274\quad 292\quad 339\quad 397\quad 468\quad 561\quad 695\quad 807\quad 875\quad 1073\ 1290]^T$，设三种预测的线性组合预测结果为：

$$Y=\omega_1Y1+\omega_2Y2+\omega_3Y3$$

R 为 3 维的分量全为 1 的列向量，即 $R=[1\quad 1\quad 1]^T$，$W=[\omega_1\quad \omega_2\quad \omega_3]^T$，定义误差矩阵 E 为：

$$E=\begin{bmatrix}e1^Te1 & e1^Te2 & e1^Te3\\e2^Te1 & e2^Te2 & e2^Te3\\e3^Te1 & e3^Te1 & e3^Te3\end{bmatrix}$$

MATLAB 求解程序与预测产量的程序相似，见附录 D，求得

$$E=\begin{bmatrix}65823 & 3758 & 40046\\ 3758 & 4104 & 3162\\ 40046 & 3162 & 79372\end{bmatrix},\ W^*=\frac{E^{-1}R}{R^TE^{-1}R}=[-0.0024\quad 0.9890\quad 0.0134]$$

所以 $Y=-0.0024Y1+0.9890Y2+0.0134Y3$。则可求得组合预测的消费量值为：

$Y2=[273.1\quad 300.6\quad 337.5\quad 392.6\quad 469.0\quad 563.8\quad 670.7\quad 789.2\quad 924.9\quad 1083.7\quad 1268.1]$，误差为 $e2=[0.9000\quad -8.6000\quad 1.5000\quad 4.4000\quad -1.0000\quad -2.8000\quad 24.3000\quad 17.8000\quad -49.9000\quad -10.7000\quad 21.9000]$，方差为 $s2=372.42$。

第四节　预测结果及误差分析

将四种预测方法的预测值、误差和方差进行整理，见表 3-4～表 3-7。

表 3-4　天然气产量的实际值和各模型的预测值

年份	实际值	线性回归预测值	BP 网络预测值	灰色预测值	线性组合预测值
2001	303	256.6	300.6	303.0	302.3
2002	327	333.2	321.8	343.2	321.9
2003	350	409.8	357.4	389.4	356.2
2004	415	486.4	414.4	441.8	412.3
2005	493	563.0	494.7	501.2	492.3
2006	586	639.5	589.0	568.6	586.6
2007	692	716.1	682.3	645.1	680.1
2008	761	792.7	767.8	731.9	766.0
2009	830	869.3	849.7	830.4	848.5
2010	948	945.9	935.1	942.0	934.9
2011	1025	1022.5	1028.4	1068.8	1029.6
2012	—	1099.08	1167.2	1212.5	1170.89
2013	—	1175.67	1297.8	1375.6	1304.33

表 3-5　天然气消费量的实际值和各模型的预测值

年份	实际值	线性回归预测值	BP 网络预测值	灰色预测值	线性组合预测值
2001	274	138.7	276.5	0	273.1
2002	292	237.4	300.6	291.0	300.6
2003	339	336.2	337.4	342.8	337.5
2004	397	434.9	392.6	403.8	392.6
2005	468	533.6	469.1	475.6	469.0
2006	561	632.3	564.0	560.2	563.8
2007	695	731.0	671.0	659.9	670.7
2008	807	829.8	789.5	777.3	789.2
2009	875	928.5	925.0	915.5	924.9
2010	1073	1027.2	1083.6	1078.4	1083.7
2011	1290	1125.9	1267.7	1270.2	1268.1
2012	—	1224.64	1527.6	1496.2	1527.91
2013	—	1323.36	1757.0	1762.4	1758.11

表 3-6　各模型天然气产量的预测值与实际值的绝对误差（10^8m^3）及方差

年份	各模型天然气产量的预测值与实际值的绝对误差			
	线性回归	BP 网络	灰色预测	线性组合
2001	46.4000	2.4000	0	0.7000
2002	-6.2000	5.2000	-16.2000	5.1000
2003	-59.8000	-7.4000	-39.4000	-6.2000
2004	-71.4000	0.6000	-26.8000	2.7000
2005	-70.0000	-1.7000	-8.2000	0.7000
2006	53.5000	-3.0000	17.4000	-0.6000
2007	-24.1000	9.7000	46.9000	11.9000
2008	-31.7000	-6.8000	29.1000	-5.0000
2009	-39.3000	-19.7000	-0.4000	-18.5000
2010	2.1000	12.9000	6.0000	13.1000
2011	2.5000	-3.4000	-43.8000	-4.6000
方差	1978.95	73.29	718.55	70.43
平均误差	37.0000	6.6182	21.2909	6.2818

表 3-7　各模型天然气消费量的预测值与实际值的绝对误差（10^8m^3）及方差

年份	各模型天然气产量的预测值与实际值的绝对误差			
	线性回归	BP 网络	灰色预测	线性组合
2001	135. 3	-2. 5000	274. 0000	0. 9000
2002	54. 6	-8. 6000	1. 0000	-8. 6000
2003	2. 8	1. 6000	-3. 8000	1. 5000
2004	-37. 9	4. 4000	-6. 8000	4. 4000
2005	65. 6	-1. 1000	-7. 6000	-1. 0000
2006	-71. 3	-3. 0000	0. 8000	-2. 8000
2007	-36	24. 0000	35. 1000	24. 3000
2008	-22. 8	17. 5000	29. 7000	17. 8000
2009	-53. 5	-50. 0000	-40. 5000	-49. 9000
2010	45. 8	-10. 6000	-5. 4000	-10. 7000
2011	164. 1	22. 3000	19. 8000	21. 9000
方差	5983. 92	373. 11	7215. 60	372. 43
平均误差	62. 7	13. 2364	38. 5909	13. 0727

并在 MATLAB 中绘制出天然气产量实际值与各种预测方法预测出来的产量值的对比图，如图 3-9 所示。

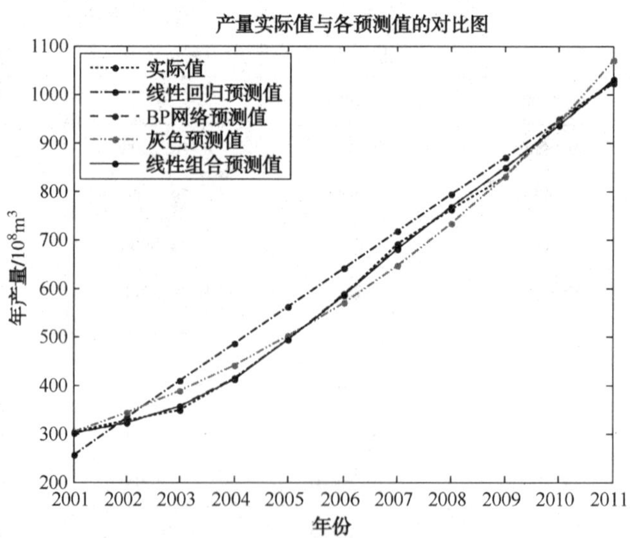

图 3-9　天然气产量实际值与各预测值的对比图

其 MATLAB 程序如下：

```
>>x=[2001 2002 2003 2004 2005 2006 2007 2008 2009
2010 2011];
```

>>y1 = [303 327 350 415 493 586 692 761 830 948 1025];

>>y2 = [256.6 333.2 409.8 486.4 563.0 639.5 716.1 792.7 869.3 945.9 1022.5];

>>y3 = [300.6 321.8 357.4 414.4 494.7 589.0 682.3 767.8 849.7 935.1 1028.4];

>>y4 = [303.0 343.2 389.4 441.8 501.2 568.6 645.1 731.9 830.4 942.0 1068.8];

>>y5 = [302.3 321.9 356.2 412.3 492.3 586.6 680.1 766.0 848.5 934.9 1029.6];

>>plot(x, y1, '-.', x, y2, '-.', x, y3, '-.', x, y4, '-.', x, y5, '-.');

>>xlabel('年份'); ylabel('年产量/亿立方米');

>>title('产量实际值与各预测值的对比图');

>>legend('实际值', '线性回归预测值', 'BP 网络预测值', '灰色预测值', '线性组合预测值')

再绘制出天然气消费量实际值与预测值的对比图，如图 3-10 所示。

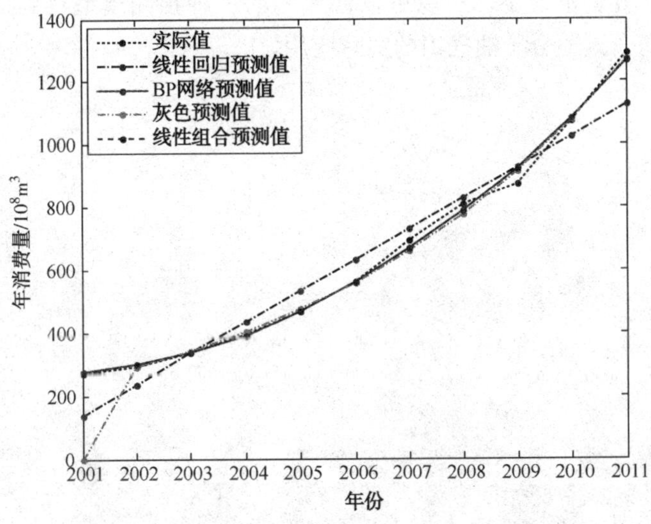

图 3-10 天然气消费量实际值与各预测值的对比图

其 MATLAB 程序如下：

>>x = [2001 2002 2003 2004 2005 2006 2007 2008 2009 2010 2011];

>>y1 = [274 292 339 397 468 561 695 807 875 1073

1290]；

```
>>y2=[138.7  237.4  336.2  434.9  533.6  632.3  731.0  829.8  928.5  1027.2  1125.9];
>>y3=[276.5  300.6  337.4  392.6  469.1  564.0  671.0  789.5  925.0  1083.6  1267.7];
>>y4=[0  291.0  342.8  403.8  475.6  560.2  659.9  777.3  915.5  1078.4  1270.2];
>>y5=[273.1  300.6  337.5  392.6  469.0  563.8  670.7  789.2  924.9  1083.7  1268.1];
>>plot(x, y1, '-.', x, y2, '-.', x, y3, '-.', x, y4, '-.', x, y5, '-.');
>>xlabel('年份'); ylabel('年消费量/亿立方米');
>>title('消费量实际值与各预测值的对比图');
>>legend('实际值', '线性回归预测值', 'BP网络预测值', '灰色预测值', '线性组合预测值')
```

由以上表格及图可知，线性回归，灰色预测和BP网络的预测误差依次减小。将线性回归、BP网络和灰色系统线性组合后得到的绝对误差和平均误差最小，方差也最小，所以可以使单一的三种预测模型得到优化，预测的精度更高，更适合于油气田的实际应用。

第四章

天然气资源利用模型

第一节　天然气用户的需求预测模型

随着天然气用户种类及用户数量的增多，各种用户的用气目的、用气量及用气高峰时间均有所不同。气源产气和用户用气的不均衡性使得天然气管网系统经常处于不稳定状况，调度部门需要经常采取应急措施，调节和调度各个用户和场站的压力、流量。如果能够提前了解或预测各个用户的用气量，不仅可以帮助管网管理部门合理且高效地调运各个气源和用户的用气量，安全且高效地运营天然气管网，而且可以为营销部门制定供气计划提供参考。因此，如何预测各个不同用户不同时期的需求量是天然气用户管理和调度部门关注的重点，有必要分析和研究目前各种需求预测方法，充分利用已有的数据库系统中的历史数据，优选出适合天然气用户的需求模型。

一、天然气用户需求预测模型

目前需求预测方法可分为三种类型：

(一) 时间序列分析法

时间序列分析法就是将过去的历史资料和数据，按时间顺序排列起来的一组数字序列。

1. 移动平均分析法

(1) 简单平均法

简单平均法包含算数平均法、加权平均法等。

算数平均法是将过去实际需求量的时间序列数据进行简单平均，把平均值作为下一期的预测值。其计算公式为：

$$预测量 = \frac{过去各期实际量之和}{期数} \tag{4-1}$$

算数平均法将远期需求量和近期需求量等同看待，没有考虑近期市场的变化趋势，准确度较低，只宜用于短期预测。

加权平均法是逐步加大近期需求量在平均值中的权重，然后给予平均，确定下期的预测值。其计算公式为：

$$W = \frac{\sum_{i=1}^{n} C_i D_i}{\sum_{i=1}^{n} C_i} \tag{4-2}$$

式中 W——预测值(加权平均值)；

D_i——第 i 期的需求量；

C_i——第 i 期的需求量的权重；

n——期数。

加权平均法简单考虑近期市场的变化趋势，准确度仍较低。

（2）简单移动平均法

简单移动平均法，又叫一次移动平均法，是在算数平均数的基础上，通过逐项分段移动，求得下一期的预测值。

一次移动平均数为：

$$M_t^{(1)} = (y_t + y_{t-1} + \cdots + y_{t-N+1})/N \tag{4-3}$$

二次移动平均数为：

$$M_t^{(2)} = (M_t^{(1)} + M_{t-1}^{(1)} + \cdots + M_{t-N+1}^{(1)})/N \tag{4-4}$$

设时间序列从某时期开始具有直线趋势，且认为未来时期亦将按此直线趋势变化，则可设此直线趋势模型为：

$$\hat{y}_{t+T} = a_t + b_t T \quad (T = 1,\ 2) \tag{4-5}$$

式中 M——预测值，公式中下标表示期数；

t——当前时期数；

T——由 t 至预期的时期数；

$\hat{y}_{t+T}$——第 $t+T$ 期预测值；

a_t——截距；

b_t——斜率；

a_t和 b_t——平滑系数。

移动平均法的分段数据项数 N 的选择是一个关键问题。如果 N 取的大，移动平均值对数列起伏变动的敏感性差，反映新水平的时间长，随着 N 值的增加，趋势线逐渐平稳，但其滞后的现象也同时愈益显著，容易滞后于可能的发展趋势。如 N 值取的小，其灵敏度高，反映新水平的时间短，对于随机因素反映敏感，容易造成错觉，导致预测失误。

(3) 加权移动平均法

加权移动平均法就是在计算移动平均数时，不同的对待各时间序列的数据，给近期的数据以较大的比重，使其对移动平均数有较大的影响，从而使预测值更接近于实际。这种方法就是对每个时间序列的数据插上一个加权系数。

采用加权移动平均法进行预测的结果比一次移动平均法更能接近实际。越接近预测期的权数越大，对预测值的影响也越大。

2. 指数平滑法

指数平滑预测方法是美国经济学家罗伯特 G 布朗于 1959 年在他的《库存管理的统计预测》一书中首先提出来的。该方法给近期的观察值以较大的权数，给远期的实际值以较小的权数，使预测值既能较多的反映最新的信息，又能反映大量的历史资料的信息，从而使预测结果更符合实际。其计算公式为：

$$F_i = \partial D_{t-1} + (1 - \partial) F_{t-1} \tag{4-6}$$

式中 F_i——本期需求量预测值；

D_{t-1}——最近一期需求量实际值；

F_{t-1}——最近一期需求量预测值；

t——需求量期数；

∂——平滑系数，$0 \leqslant \partial \leqslant 1$。

平滑系数的大小可根据和差距的大小而定。预测值与实际值差距大，则应大一些；差距小，则可取小一些。∂ 越小，则近期的倾向性变动影响越小，越平滑。当小于 0. 3 时，则比较平滑。

本书以三次指数平滑法为例，论述模型预测公式。

三次指数平滑法非线性模型预测公式为：

$$\hat{y}_{t+\tau} = a_t + b_t \tau + c_t \tau^2 \tag{4-7}$$

模型中参数的计算公式为：

$$a_t = 3S_t^{(1)} - 3S_t^{(2)} + S_t^{(3)} \tag{4-8}$$

$$b_t = \frac{a}{2(1-a)}\left[(6-5a)S_t^{(1)} - 2(5-4a)S_t^{(2)} + (4-3a)S_t^{(3)}\right] \tag{4-9}$$

$$c_t = \frac{a^2}{2(1-a)^2}[S_t^{(1)} - 2S_t^{(2)} + S_t^{(3)}] \qquad (4-10)$$

$$\begin{cases} S_t^{(1)} = ay_t + (1-a)S_{t-1}^{(1)} \\ S_t^{(2)} = aS_t^{(1)} + (1-a)S_{t-1}^{(2)} \\ S_t^{(3)} = aS_t^{(2)} + (1-a)S_{t-1}^{(3)} \end{cases} \qquad (4-11)$$

以上五式中 τ —变量；

a_t，b_t，c_t——平滑系数；

a——加权系数；

$S_t^{(1)}$，$S_t^{(2)}$，$S_t^{(3)}$——第 t 期的一次、二次和三次平滑指数值。

3. 趋势外推法

趋势外推法是利用预测对象发展变化过程中表现出的延续性（惯性原理），通过某种函数曲线拟合历史统计数据，建立能描述其发展变化过程的数学模型，然后以此模型外推进行预测。它的主要特点是不对数据中的随机成分作统计分析，只考虑数据的整体趋势，简单实用，关键在于充分利用历史数据判断出数据具有何种趋势。常用的具体方法有最小二乘法、季节指数法、基期法、累积法、指数曲线法和特殊曲线法等。

（1）趋势季节比率法

所谓趋势季节比率法，就是根据历史上历年各月或者各季的天然气需求的实际值，首先建立趋势预测模型。求得历史上各期天然气需求的趋势值，然后以天然气需求实际值除以趋势值，进行同月平均，计算季节指数，最后结合季节指数和趋势值求预测值的方法。

趋势季节比率公式为：

$$f_t = \frac{y_t}{\hat{y}_t} \qquad (4-12)$$

式中 f_t——t 月的趋势季节比率；

y_t——t 月的天然气实际消费量；

$\hat{y}_t$——t 月的天然气趋势模型计算值。

结合简单的最小二乘法趋势模型可以建立预测模型为：

$$\hat{y} = \hat{T} \times F_t \qquad (4-13)$$

式中 t——预测期数。

（2）温特斯预测法

采用温特斯预测法对天然气需求量进行预测就是把具有线性趋势、季节性变动和不规则变动的天然气需求量进行因素分解，并且与指数平滑法结合起来的季节性预测方法。这种方法有三个平滑方程式，分别对长期趋势(a)、趋势的增量(b_t)、季节变动(F_t)作指数平滑，然后把三个平滑结果用一个预测公式结合起来，进行外推预测：

$$\hat{y}_{t+k} = (a_t + kb_t)F_{t-l+k} \tag{4-14}$$

4. 自回归——移动平均模型(ARMA)

ARMA 预测方法是以美国统计学家和英国统计学家 Geogre Box 和 GwilyMM. Jenkins 的名字命名的一种时间序列预测方法。用于时间序列预测的非线性统计方法主要是非线性回归模型演化过来的非线性 ARMA 预测方法。

非线性回归的主要思想还是最小二乘法的原则，也就是选取变量的系数，使得预测值与真实值之间的二次误差最小。在非线性回归模型里，变量不再全部以线性形式出现，根据处理的数据对象，变量之间可以有多种形式的交叉作用。而非线性 ARMA 预测法也就是基于此种思想，建立适当的模型来进行时间序列的预测。

目前比较流行的非线性 ARMA 预测放大有双线性预测法和逆自回归分析预测法。双线性预测法为：

$$x_t = \sum_{l=1}^{p} \varphi_l x_{t-l} + \sum_{k=0}^{q} \theta_k \varepsilon_{t-k} + \sum_{k=1}^{q} \sum_{l=1}^{q} \beta_{kl} x_{t-l} \varepsilon_{t-k} \tag{4-15}$$

式中 x_{t-l}——第 $t-l$ 期的观测值；

φ——一元未知函数；

ε_t——白噪声序列；

θ_k，β_{kl}——待估参数。

逆自回归分析预测方法的思想来自于将近代高维数据回归分析的降维方法引入时间序列分析，模型如下：

$$x_t = \varphi(a_t x_{t-1} + \cdots + a_p x_{t-p} + \varepsilon_t) \tag{4-16}$$

式中 φ——一元未知函数；

$(a_1, \cdots, a_p,)$——p 维未知参数向量；

ε_t——白噪声序列。

当函数为不可逆函数时，上述模型的求解比较困难，但是可能很适合某些非线性时间序列的模式。当函数为可逆函数时，上述模型可以改写为：

$$f(x_t) = a_t x_{t-1} + \cdots + a_p x_{t-p} + \varepsilon_t \tag{4-17}$$

（二）结构分析法

1. 回归分析法

回归分析法是一种应用广泛，理论性较强的定量预测方法。它的基本思路是分析预测对象与有关因素的相互联系，用适当的回归预测模型(即回归方程)表达出来，然后再根据数学模型预测其未来状态。

(1) 一元线性回归分析

一元线性回归分析预测法是根据历史数据在直角坐标系上描绘出相应点，再在各点间作一直线，使直线到各点的距离最小，即偏差平方和为最小。因而，这条直线就最能代表实际数据变化的趋势(或称倾向线)，用这条直线适当延长来进行预测是合适的。

一元线性回归分析预测方法形式：

$$y = a + bx_i + \varepsilon_i \quad (i = 1, 2, \cdots, n) \tag{4-18}$$

式中 y——因变量；

x_i——因变量；

ε_i——随机变量，在实际应用中，通常假定服从正态分布，即；$\varepsilon_i \sim N(0, \sigma)$；

a，b——回归系数，回归系数估计采用最小平方法获得。

(2) 多元线性回归分析

多元线性回归分析预测方法为：

$$y = \beta_0 + \beta_1 x_{i1} + \beta_2 x_{i2} + \cdots + \beta_n x_{in} + \varepsilon_i \quad (i = 1, 2, \cdots, n) \tag{4-19}$$

式中 y——因变量；

x_{i1}，x_{i2}，…，x_{in}——自变量；

β_0，β_1，β_2，…，β_n——回归系数。

同一元线性回归模型一样，假定服从正态分布，模型的回归系数估计也是采用最小平方法。

2. 弹性系数预测法

弹性系数，表示经济增长量变化1%引起的能量消费量变化的相对程度。用能源消费弹性系数的变化趋势来预测能源消费总量是最常用的方法，也是一种简便的方法，预测公式为：

$$\text{预测期能源需求量} = \text{基期能源需求量} \times (1 + GDP\ \text{增长率} \times \text{弹性系数估计值})^{\text{时间期}} \tag{4-20}$$

显然利用这一公式进行预测的关键是要先确定预测的弹性系数估计值。一般的，弹性系数的变化要受到经济结构、能源结构、能源供应状况及价格、能源利用技术和管理水平 等因素的影响。

3. 能源强度法

(1) 一般综合能源强度法

一般综合能源强度法是首先确定预测期的终端能耗强度法，然后对三次产业能耗及生活用能分别予以估计，从而最终预测出能源需求量，最后综合成全社会能源需求总量。

（2）部门能源强度模型法

j 部门对天然气在 t 年的需求为：

$$D_{j,t} = \varepsilon_j \times G_{j,t} \tag{4-21}$$

式中 $D_{j,t}$——j 部门在 t 年对天然气的需求量

ε_j——j 部门对天然气的能源强度系数（根据 j 部门历年的 GDP 和历年的天然气用气量来确定该系数）；

$G_{j,t}$——j 部门在 t 年实际总的增加值。

各部门在 t 年对天然气的总需求为：

$$D_t = \sum_{j=1}^{J} D_{j,t} \tag{4-22}$$

式(4-22)涉及的七个部门分别为民用、发电、化肥、化工、冶金、建材和工业窑炉。

（三）系统方法

1. 灰色预测方法

灰色预测方法是一种不严格的系统方法，它抛开了系统结构分析的环节，直接通过对天然气需求原始数据的累加生成寻求天然气需求系统的整体规律，构建指数增长模型。灰色预测法是指用灰色系统理论对预测对象进行预测的一种方法，灰色理论认为任何随机过程都是在一定幅值范围、一定时区内变化的灰色量。灰过程处理的主要手段是将原始数据进行有规则的处理来寻求数据间的内在联系，这种方法称为数的生成。最常用的是累加生成法，它可以弱化原始数据的随机性、使其呈现出较为明显的特征规律。对生成变换后的数列建立微分方程型的动态模型即灰色模型（Gary Model），简称 GM 模型。

灰色系统预测模型一般使用 GM(1，1)，模型中的(1，1)表示是 1 阶方程，单变量的灰色模型。GM(1，1)预测模型为：

$$\frac{\mathrm{d}x^{(1)}(t)}{\mathrm{d}t} + ax^{(1)}(t) = b \tag{4-23}$$

GM(1，1)预测模型的步骤：

（1）从已知原始数据：$x^{(0)} = [(x^{(0)}(1) + x^{(0)}(2) + x^{(0)}(3) + \cdots + x^{(0)}(n))]$ 出发，一次累加生成，结果为：$x^{(1)} = [(x^{(1)}(1) + x^{(1)}(2) + x^{(1)}(3) + \cdots + x^{(1)}(n))]$

（2）取方程组：$x^{(1)}(t) - x^{(1)}(t-1) = \frac{1}{2}a[x^{(1)}(t) + x^{(1)}(t-1)] + b =$

$x^{(0)}(t)$，引入矩阵求解。

(3) 由步骤(2)得到白化形式微分方程的解为：

$$x^{(1)}(t+1)=\left[\left(x^{(0)}(1)-\frac{b}{a}\right)e^{-at}+\frac{b}{a}\right] \tag{4-24}$$

这就是灰色系统的数列预测模型。其中，a 为发展系数，b 为灰投入量。通过 $x^{(0)}(t)=x^{(1)}(t)-\hat{x}^{(0)}(t-1)$ 预测用气量。

2. 人工神经网络方法(BP)

天然气用户用气需求的随机性、多样性、时变性同时存在，而传统预测方法的数学模型往往无法精确地描述用气量与影响因素之间错综复杂的关系，在解决这方面的问题上，人工神经网络中的前向网络模型(BP 网络模型)具有独到的优势。

人工神经网络是模拟人脑神经网络的结构与功能特征的一种技术系统。它用大量的非线性并行处理器来模拟众多的人脑神经元，用处理器间错综灵活的连接关系来模拟人脑神经元间的突触行为，是一种大规模并行的非线性动态系统。在预测领域中应用最广泛的人工神经网络模型是前向网络模型(即 BP 网络模型)，由输入层、隐含层、输出层组成，可以看成是输入与输出集合之间的一种非线性映射，而实现这种非线性映射关系并不需要知道研究对象的内部结构，而只要通过对有限多个样本的学习来达到对研究对象内部结构的模拟。

人工神经网络预测方法的步骤如下：

(1) 输入层、输出层的设计。人工神经网络预测方法中输入层为影响预测对象的因素值，输出层为预测对象的目标值。

(2) 网络结构设计。人工神经网络预测方法中常采用三层 BP 模型作为预测的基本方法。

二、预测模型比较

1. 预测方法优缺点分析

(1) 移动平均分析法

移动平均分析法的优点：方法简单易行，应用较为普遍。

移动平均分析法的缺点：①会出现滞后偏差。如果近期内情况发展变化较快，利用移动平均法预测要通过较长时间才能反映出来，存在着滞后偏差；②一次移动平均法对分段内部的各数据同等对待，没有考虑时间先后对预测值的影响。实际上各个不同时间期的数据对预测值是不一样的。

越是接近预测期的数值，对预测值的影响就越大。

移动平均法适宜应用短期预测。

（2）指数平滑法

指数平滑法的优点：指利用上期的实际数和预测数便可计算本期的预测数，计算方法比较简便实用。

指数平滑法的缺点：在一定程度上改善了回归预测建模注重历史数据的拟合性，但外推性不足。

指数平滑法可进行非线性预测，适宜应用短中期预测。

（3）趋势外推法

趋势外推法的优点：不对数据中的随机成分做统计分析，只考虑数据的整体趋势，简单实用，关键在于充分利用历史数据判断出数据具有何种趋势。

趋势外推法的缺点：通常需要积累和掌握历史统计数据，预测结果与实际值偏差较大。

趋势外推法适用于长、中、短期预测。

（4）季节变动法

季节变动法的优点：计算简单，克服了移动平均法需要数据存储大的缺点；对具有趋势变动和季节变动两种因素的时间数列，可进行预测。

季节变动法的缺点：比较机械，不易灵活掌握；对信息资料质量要求较高。

季节变动法适用于中、短期预测。

（5）自回归——移动平均模型（ARMA）

ARMA预测方法的优点：一是解决了时间序列的平稳性、随机性和季节性；二是在对时间序列分析的基础上选择适当的模型进行预测。

ARMA预测方法的缺点：要求具有具体的关系形式，比如对数之间的线性关系或者固定阶数的多项式关系，这大大限制了该方法的逼近能力。

ARMA预测方法适用于中、短期预测。

（6）回归分析法

回归分析法优点：能研究预测对象与相关因素的相互关系，抓住预测对象变化的实质原因，因而预测结果比较可信；能给出预测结果的置信区间和置信度，从而使预测结果更加完整和客观；考虑了相关性，能运用有关的数理统计方法对回归方程进行统计检验，因而对预测对象变化的转折点具有一定的鉴别能力。

回归预测的缺点：对实际数据一视同仁，认为各数据对预测对象的影响程度相同，这是不符合实际的；回归变量选取时的主次要因素在实际建模时较难把握，变量的量化也是一个难点。

回归分析法可用于长期预测。试验表明，预测结果与实际值的误差在±5%以下的为85%，基本能够满足实际生产的精度要求。

（7）弹性系数预测法

弹性系数预测法的优点：计算过程简单、方便；考虑了天然气消费量变化与经济增长量变化的关系。

弹性系数预测法的缺点：预测的弹性系数估计值难以确定。一般的，弹性系数的变化要受到经济结构、能源结构、能源供应状况及价格、能源利用技术和管理水平等因素的影响。

弹性系数预测法适于宏观层面天然气中长期需求预测。

（8）能源强度法

能源强度法的优点：计算过程简单、方便；考虑了天然气需求与经济发展的关系。

能源强度法的缺点：部门年度总增加值和能源强度系数获取难度较大，对企业层面的预测效果较差。

能源强度法适于宏观层面天然气中长期需求预测。

（9）灰色预测方法

灰色预测优点：一是所需数据量不大，二是不必考虑历史数据的分布规律，三是方法简便易行并且预测精度较高。

灰色预测的缺点：预测误差随历史数据的离散程度增大而增大，预测的时间越长，误差越大。

灰色预测方法适用于有递增规律特征的项目预测，对天然气中长短期预测均可。

（10）人工神经网络方法(BP)

人工神经网络预测方法的优点：与传统预测方法相比，它具有高度的非线性运算和映射能力、自学力和自组织能力、高速运算能力、能以任意精度逼近函数关系、高度灵活可变的拓扑结构及很强的适应能力等。

人工神经网络预测方法的缺点：把复杂的研究对象看成一个“黑箱”，并根据“黑箱”对外来刺激的反应方式来研究它的性质和结构，模型建成后不易修改，不能利用最新的数据对原有的参数进行修正，预测人员无法参与预测过程。

人工神经网络预测方法一般适用于天然气中期预测，预测精度较高。

2. 天然气用户需求预测模型的选择

目前某油气田公司应用的数据库系统（如生产运行系统和营销系统）中有大量的用户用气量历史数据。为了有效利用这些已有数据，可以以这些用户历史数据为基础，尽量选用简单、有效的方法建立用户需求量预测模型。既提高了数据库系统的利用率，又为营销和调度部门制订方案提供便利条件和参考数据。

天然气需求预测方法的比较见表 4-1。本书以人工神经网络方法、灰色预测方法、指数平滑法等算法实用性和参数复杂性对比为依据，同时在查询、验证这些算法相关资料的基础上，得知这些算法在一定的条件下、在复杂的参数设计下可以有较高的精度，但求解过程、调节参数和所需对象信息过于复杂，不适合应用于该油气田公司的数据库系统。因此，该油气田公司重点用户中、短期需求预测模型选择回归分析法、移动平均法和算数平均法，长期预测选择回归分析法。在建模过程中，结合实际需要，对这两类方法进行改进，同时通过分析不同类型用户的用气量历史数据，找出用气量数据的规律，尽量以简单、可行的预测方法和思路建立各类用户的需求预测模型，预测各类用户的年、月和日用气量。

表 4-1 天然气需求预测方法比较

序号	评价方法	优点	缺点	适用范围	“重点用户需求量”适应情况
1	移动平均法	（1）方法简单易行；（2）应用较为普遍	（1）会出现滞后偏差；（2）没有考虑时间先后对预测值的影响	适宜应用短期预测	适用
2	指数平均法	（1）计算方法比较简便实用；（2）利用上期的实际数和预测数便可计算本期的预测数	外推性的不足	适宜应用短期预测	不适用
3	趋势外推法	（1）不对数据中的随机成分作统计分析；（2）简单实用，关键在于充分利用历史数据判断出数据具有何种趋势	通常需要积累和掌握历史统计数据，预测结果与实际值偏差较大	用于中长期和短期预测	适用

续表

序号	评价方法	优点	缺点	适用范围	“重点用户需求量”适应情况
4	季节变动法	(1)计算简单，克服了移动平均法需要数据储存大的缺点； (2)对具有趋势变动和季节变动两种因素的时间数列，可进行预测	(1)比较机械，不易灵活掌握； (2)对信息资料质量要求较高	适用于短期预测	适用
5	自回归-移动平均模型(ARMA)	(1)解决了时间序列的平稳性、随机性和季节性； (2)在对时间序列分析的基础上选择适当的模型进行预测	要求具有具体的关系形式，限制了该方法的逼近能力	适用于短期预测	适用
6	回归分析法	(1)预测结果比较可信，能给出预测结果的置信区间和置信度； (2)能运用有关的数理统计方法对回归方程进行统计检验	(1)为各数据对预测对象的影响程度相同，不符合实际； (2)回归变量选取时的主次要因素在实际建模时较难把握	适用于天然气中长期预测	适用
7	弹性系数预测法	(1)计算过程简单、方便； (2)考虑了天然气消费量变化与经济增长量变化的关系	预测的弹性系数估计值难以确定	适用于宏观层面天然气中长期需求预测	不适用
8	能源强度法	(1)计算过程简单、方便； (2)考虑了天然气需求与经济发展的关系	(1)参数获取难度较大； (2)对企业层面的预测效果较差	适用于宏观问题中长期预测	不适用
9	灰色预测方法	(1)所需数据量不大； (2)不必考虑历史数据的分布规律； (3)方法简便易行且预测精度较高	(1)预测误差随历史数据的离散程度增大而增大； (2)预测的时间越长，误差越大	适用于天然气中长期预测	适用

续表

序号	评价方法	优点	缺点	适用范围	“重点用户需求量”适应情况
10	人工神经网络预测方法	（1）具有高度的非线性运算和映射能力、自学习和自组织能力、告诉运算能力；（2）能以任意精度逼近函数关系、高度灵活可变的拓扑结构及很强的适应能力	（1）模型建成后不易修改，不能利用最新的数据对原有的参数进行修正；（2）预测人员无法参与预测过程；（3）预测过程复杂	适用于天然气中期预测	适用

第二节　天然气用户的分级模型

天然气利用可分为居民、商业、工业、发电等，也有分类把交通领域单列。结合我国天然气的利用特点和习惯，将天然气利用领域归纳为城市燃气、工业燃料、天然气发电和天然气化工四大领域，或者称为四大利用行业。城市燃气包括居民、公共福利、天然气汽车、采暖、中央空调等用气；天然气作为工业燃料的利用领域众多，按行业可分为钢铁、有色金属、陶瓷、水泥、耐火材料、玻璃、石化、工业废物处理行业、轻工业、纺织业、医药、食品等；天然气发电包括大型的联合循环燃气轮机电厂、中小型燃气电厂和分布式燃气发电机组；天然气化工指以天然气为原料生产的一次化工产品，包括合成氨、甲醇、合成油、氢气、乙炔、氯甲烷、炭黑、氢氰酸等。

一、天然气分级模型

为缓解天然气供需矛盾，优化天然气使用结构，促进节能减排，国家发改委 2007 年 8 月 30 日颁布了《天然气利用政策》，如表 4-2 所示。其中，提出了 7 项保障措施：搞好供需平衡；制订利用规划与计划；加强需求侧管理；提高供应能力；保障稳定供气；合理调控价格；严格项目管理。

表 4-2 2007 版《天然气利用政策》对天然气用户分类表

用户分级	应用领域	具体项目内容
优先类	城市燃气	1. 城镇，尤指大中城市居民炊事、生活热水等用气 2. 公共服务设施，包括机场、政府机关、职工食堂、幼儿园、学校、宾馆、酒店、餐饮业、商场、写字楼等用气 3. 天然气汽车，尤指双燃料汽车 4. 分布式热电联产、热电冷联产用户
允许类	城市燃气	1. 集中式采暖用气（指中心城区的中心地带） 2. 分户式采暖用气 3. 中央空调
	工业燃料	4. 建材、机电、轻纺、石化、冶金等工业领域中以天然气代油、液化石油气项目 5. 建材、机电、轻纺、石化、冶金等工业领域中环境效益和经济效益较好的以天然气代煤气项目 6. 建材、机电、轻纺、石化、冶金等工业领域中可中断的用户
	天然气发电	7. 重要用电负荷中心且天然气供应充足的地区，建设利用天然气调峰发电项目
	天然气化工	8. 用气量不大、经济效益较好的天然气制氢项目 9. 以不宜外输或上述一、二类用户无法消纳的天然气生产氮肥项目
限制类	天然气发电	1. 非重要用电负荷中心建设利用天然气发电项目
	天然气化工	2. 已建成的合成氨厂以天然气为原料的扩建项目、合成氨厂煤改气项目 3. 以甲烷为原料，一次产品包括乙炔、氯甲烷等的碳化工项目 4. 除第二类第 9 项以外的新建以天然气为原料的合成氨项目
禁止类	天然气发电	1. 陕、蒙、晋、皖等 13 个大型煤炭基地所在地区建设燃气发电项目
	天然气化工	2. 新建或扩建天然气制甲醇项目 3. 以天然气代煤制甲醇项目

2012 年为了鼓励、引导和规范天然气下游利用领域，国家发改委又研究制定出新的《天然气利用政策》，并于 2012 年 12 月 1 日正式颁布实施，见表 4-3 所示。其中，提出了 6 项保障措施：做好供需平衡；制订利用规划；高效节约使用；安全稳定保供；合理调控价格；配套相关政策。

表 4-3　2012 版《天然气利用政策》对天然气利用用户分类的规定表

用户分级	应用领域	具体项目内容
优先类	城市燃气	1. 城镇(尤其是大中城市)居民炊事、生活热水等用气 2. 公共服务设施(机场、政府机关、职工食堂、幼儿园、学校、医院、宾馆、酒店、餐饮业、商场、写字楼、火车站、福利院、养老院、港口、码头客运站、汽车客运站等)用气 3. 天然气汽车(尤其是双燃料及液化天然气汽车)，包括城市公交车、出租车、物流配送车、载客汽车、环卫车和载货汽车等以天然气为燃料的运输车辆 4. 集中式采暖用户(指中心城区、新区的中心地带) 5. 燃气空调
	工业燃料	6. 建材、机电、轻纺、石化、冶金等工业领域中可中断的用户 7. 作为可中断用户的天然气制氢项目
	其他用户	8. 天然气分布式能源项目(综合能源利用效率 70% 以上，包括与可再生能源的综合利用) 9. 在内河、湖泊和沿海航运的以天然气(尤其是液化天然气)为燃料的运输船舶(含双燃料和单一天然气燃料运输船舶) 10. 城镇中具有应急和调峰功能的天然气储存设施 11. 煤层气(煤矿瓦斯)发电项目 12. 天然气热电联产项目
允许类	城市燃气	1. 分户式采暖用户
	工业燃料	2. 建材、机电、轻纺、石化、冶金等工业领域中以天然气代油、液化石油气项目 3. 建材、机电、轻纺、石化、冶金等工业领域中以天然气为燃料的新建项目 4. 建材、机电、轻纺、石化、冶金等工业领域中环境效益和经济效益较好的以天然气代煤项目 5. 城镇(尤其是特大、大型城市)中心城区的工业锅炉燃料天然气置换项目
	天然气发电	6. 除第一类第 12 项、第四类第 1 项以外的天然气发电项目
	天然气化工	7. 除第一类第 7 项以外的天然气制氢项目
	其他用户	8. 用于调峰和储备的小型天然气液化设施
限制类	天然气化工	1. 已建的合成氨厂以天然气为原料的扩建项目、合成氨厂煤改气项目 2. 以甲烷为原料，一次产品包括乙炔、氯甲烷等小宗碳一化工项目 3. 新建以天然气为原料的氮肥项目
禁止类	天然气发电	1. 陕、蒙、晋、皖等 13 个大型煤炭基地所在地区建设基荷燃气发电项目[煤层气(煤矿瓦斯)发电项目除外]
	天然气化工	2. 新建或扩建以天然气为原料生产甲醇及甲醇生产下游产品装置 3. 以天然气代煤制甲醇项目

根据利用政策可以看出，国家发展改革委、国家能源局负责全国天然气利用管理工作。各省(区、市)发展改革委、能源局负责本行政区域内天然气利用管理工作。

《天然气利用政策》坚持统筹兼顾，整体考虑全国天然气利用的方向和领域，优化配置国内外资源；坚持区别对待，明确天然气利用顺序，保民生、保重点、保发展，并考虑不同地区的差异化政策；坚持量入为出，根据资源落实情况，有序发展天然气市场。

《天然气利用政策》根据不同用气特点，天然气用户分为城市燃气、工业燃料、天然气发电、天然气化工和其他用户。综合考虑天然气利用的社会效益、环境效益和经济效益以及不同用户的用气特点等各方面因素，天然气用户分为优先类、允许类、限制类和禁止类。城市燃气、工业燃料和其他用户列为优先类，限制发展天然气化工，禁止新建或扩建以天然气为原料生产甲醇的项目，禁止天然气代制煤甲醇项目。

本书采用2012版的《天然气利用政策》对天然气用户进行分级。具体分级如表4-3所示。

二、天然气分级排序模型

为便于研究，对天然气用户分级排序时，考虑天然气的用户类型和天然气价值两个因素。天然气类型根据《天然气利用政策》分为优先类、允许类、限制类、禁止类等四类；目前天然气价格实行管制，难以反映本身的价值。为此，本书采用李鹭光等人(2012)提出的天然气使用价值的概念。

设定一目标值M，M为天然气用户分类C系数、天然气使用价值V系数、用气波动性F系数的三元函数，即：

$$M = f(C, V, F) = C + V + F \qquad (4-25)$$

该值越大，天然气分级排序越靠前。为便于量化，先对天然气分类赋予归一化权重，按照优先类、允许类、限制类、禁止类分别为0.5333、0.2667、0.1333、0.0667，天然气使用价值与用户所在地区和用气量有关，天然气使用价值的具体数值如表4-4所示。

在实际操作中，天然气用户分类已经归一化，对天然气使用价值和波动性进行量纲归一化处理，再计算出目标值M即可从大到小排序，对天然气用户进行分类管理和资源配置。

通过这个模型对天然气用户进行分类，可以给天然气供应部门提供供气管理的依据，以便制定供气规划，调度天然气量，安排应急预案。在气源紧张时将最有用的天然气供给最急需的用户，为天然气产业发展提供决策指导。

表 4-4 天然气使用价值汇总表

序号	省(市)	省(市)市场总水平	行业					
			大化肥	中、小化肥	化工	发电	工业燃料	民用
1	黑龙江	2.71	1.31	—	2.84	1.49	4.43	4.56
2	吉林	2.59	—	—	—	1.37	4.57	4.59
3	辽宁	2.72	1.95	1.17	2.84	—	—	4.45
4	内蒙古	2.60	1.29	—	2.84	1.12	—	4.13
5	北京	4.38	—	—	—	—	4.35	4.38
6	天津	4.51	—	—	—	—	5.02	4.40
7	河北	3.94	1.53	—	—	—	3.87	4.60
8	山东	4.50	—	—	—	—	3.95	4.88
9	河南	4.19	—	—	—	—	3.85	4.60
10	安徽	4.87	—	—	—	—	4.38	4.88
11	江苏	3.96	—	—	—	1.78	4.41	4.60
12	浙江	5.63	—	—	—	—	—	5.63
13	上海	5.36	—	—	—	—	6.13	5.35
14	新疆	3.27	1.31	1.17	2.84	1.15	4.20	4.74
15	青海	3.08	—	—	2.84	1.06	2.95	4.04
16	甘肃	3.20	—	1.17	2.84	1.06	1.96	4.60
17	宁夏	2.42	1.29	—	2.84	—	—	4.04
18	山西	3.93	—	—	—	—	3.83	4.13
19	陕西	3.80	—	1.17	—	0.99	4.08	4.13
20	四川	3.22	1.50	1.17	1.68	1.49	2.87	4.66
21	重庆	3.79	1.61	1.17	2.84	—	4.14	4.60
22	云南	1.48	1.45	—	2.84	—	—	—
23	贵州	1.31	1.18	—	—	—	—	4.17
24	湖北	4.89	1.61	—	—	—	5.16	4.88
25	湖南	4.97	—	—	—	—	—	4.97

三、应用实例

选用陕西省 X 市的部分天然气用户作为天然气用户等级划分与排序的实例。其中“用户类型”根据《天然气利用政策》确定，该值没有量纲，只进行归一化处理即可；“使用价值”取表中数据，不同的地方使用价值不同；“总价值”为用气量与使用价值的乘积，单位为元，为了消除量纲影响，进行无量纲归一化处理；“波动性”是指日用气值偏离合同供气量的最大幅度，用最大峰值除以合同供气量，然后考虑到用气时波动越小越好，因此，取该值的倒数后再无量纲归一化处理，当用气量没有波动时，波动性取 1。

M 值为排序目标值，M 值越大越好，按 M 值从大到小排序即可获得的天然气用户的排序结果。用气时，根据 M 值进行资源配置。以保证最优资源配置到最需要用气的单位。

表 4-5 是天然气用户的相关数据和按排序模型排序后的结果。

表 4-5　天然气用户分类排序结果表

用户名称	用户类型	用气量/($10^4m^3/d$)	使用价值/(元/方)	总价值/元	价值无量纲化	波动性	M 值	排序结果
A 机械厂	0.2667	60	4.08	244.80	0.5927	0.2308	1.0902	5
B 甲醇厂	0.5333	35	1.17	40.95	0.0992	0.1944	0.8269	6
C 化工厂	0.2667	120	1.17	140.40	0.3400	0.1000	0.7067	7
D 发电厂	0.1333	50	0.99	49.50	0.1199	0.2083	0.4615	9
E 化工厂	0.1333	75	4.08	306.00	0.7409	0.3750	1.2492	3
F 发电厂	0.0667	20	0.99	19.80	0.0479	1.0000	1.1146	4
G 城镇	0.5333	100	4.13	413.00	1.0000	0.1250	1.6583	1
H 化工厂	0.2667	30	1.17	35.10	0.0850	0.3000	0.6517	8
I 玻璃厂	0.5333	100	4.08	408.00	0.9879	0.1000	1.6212	2

由分析结果可见，G 城镇民用天然气用户在排序中靠前，因此，X 市在天然气资源调配时应优先保障该用户的天然气供应。同样，根据排序结果也可以对其他用户进行天然气资源的安排，制定应急预案时考虑该排序结果，使得管理者便于决策。

第三节　天然气用户用气量分配模型

天然气用户用气量的分配就是在已知供给各个用户的总供气量的条件下，考虑用户的特性和用户的流量限制，制定获得效益的用气量的分配方案。

周志斌等(2009 年)提出了一种天然气用户分配模型，但对天然气用户仅分为三类，与《天然气利用政策》不一致；且用户的等级系数人为取 3，2，1，依据不强。李鹭光等(2012 年)基于均衡理论、边际价值等理论和天然气用途的特点，提出了能满足所有用途天然气使用价值的计算模型。

本书将两种方法结合起来，将天然气用户依据《天然气利用政策》分为四大类，以天然气的使用价值确定各用户等级的系数，建立了天然气用户用气量分配模型。

以前面用户等级为基础(将用户划分为四个等级)，在不考虑输气管道工艺约束的条件下，以效益最大化为目标函数、以用户的流量限制为约束条件、以用户的流量为优化变量，建立天然气用户用气量分配优化的数学模型，将模型分解为两个优化阶段。

一、优化模型第一阶段

以社会效益最大化为目标函数。

① 目标函数。

$$F_1 = G_1 Q^{d1} + G_2 Q^{d2} + G_3 Q^{d3} + G_4 Q^{d4} \tag{4-26}$$

式中 F_1——社会效益最大化目标函数；

G_1，G_2，G_3，G_4——分别为优先类用户等级系数、允许类用户等级系数、限制类用户等级系数和禁止类用户等级系数，分别取 0.5333、0.2667、0.1333、0.0667 归一化系数。这样，目标函数可简化为：

$$F_1 = 0.5333Q^{d1} + 0.2667Q^{d2} + 0.1333Q^{d3} + 0.0667Q^{d4} \tag{4-27}$$

式中 Q^{d1}——优先类用户的各个用户用气量总和，$10^4 m^3/d$；

Q^{d2}——允许类用户的各个用户用气量总和，$10^4 m^3/d$；

Q^{d3}——限制类用户的各个用户用气量总和，$10^4 m^3/d$；

Q^{d4}——禁止类用户的各个用户用气量总和，$10^4 m^3/d$。

② 约束条件。

$$Q^{d1} = \sum_{i=1}^{N_1} Q_i^{d1} \tag{4-28}$$

式中 Q_i^{d1}——优先类用户中第 i 个用户流量，$10^4 m^3/d$；

N_1——优先类用户的总数。

$$Q^{d2} = \sum_{j-1}^{N_2} Q_j^{d2} \tag{4-29}$$

式中 Q_j^{d2}——允许类用户中第 j 个用户流量，$10^4 m^3/d$；

N_2——允许类用户的总数。

$$Q^{d3} = \sum_{k=1}^{N_3} Q_k^{d3} \tag{4-30}$$

式中 Q_k^{d3}——限制类用户中第 k 个用户流量，$10^4 m^3/d$；

N_3——限制类用户的总数。

$$Q^{d4} = \sum_{l=1}^{N_4} Q_l^{d4} \tag{4-31}$$

式中 Q_l^{d4}——禁止类用户中第 l 个用户流量，$10^4 m^3/d$；

N_4 ——禁止类用户的总数。

$$Q_{i,\ \min}^{d1} \leqslant Q_i^{d1} \leqslant Q_{i,\ \max}^{d1} \tag{4-32}$$

式中 $Q_{i,\ \min}^{d1}$，$Q_{i,\ \max}^{d1}$ ——分别为优先类用户中第 i 个用户的最小用气量和最大用气量，$10^4 m^3/d$。

$$Q_{j,\ \min}^{d2} \leqslant Q_j^{d2} \leqslant Q_{j,\ \max}^{d2} \tag{4-33}$$

式中 $Q_{j,\ \min}^{d2}$，$Q_{j,\ \max}^{d2}$ ——分别为允许类用户中第 j 个用户的最小用气量和最大用气量，$10^4 m^3/d$。

$$Q_{k,\ \min}^{d3} \leqslant Q_k^{d3} \leqslant Q_{k,\ \max}^{d3} \tag{4-34}$$

式中 $Q_{k,\ \min}^{d3}$，$Q_{k,\ \max}^{d3}$ ——分别为限制类用户中第 k 个用户的最小用气量和最大用气量，$10^4 m^3/d$。

$$Q_{l,\ \min}^{d4} \leqslant Q_l^{d4} \leqslant Q_{l,\ \max}^{d4} \tag{4-35}$$

式中 $Q_{l,\ \min}^{d4}$，$Q_{l,\ \max}^{d4}$ ——分别为禁止类用户中第 l 个用户的最小用气量和最大用气量，$10^4 m^3/d$。

$$Q_t = Q^{d1} + Q^{d2} + Q^{d3} + Q^{d4} \tag{4-36}$$

式中 Q_t ——各种用户的总用气量，$10^4 m^3/d$。

③ 优化变量。该模型的优化变量是各个用户的用气量，即：

$$X_1 = \{Q_i^{\ d1},\ Q_j^{\ d2},\ Q_k^{\ d3},\ Q_l^{\ d4}\}\,(i = 1,\ 2 \cdots N_1;\ j = 1,\ 2 \cdots N_2;\ k = 1,\ 2 \cdots N_3;\ l = 1,\ 2 \cdots N_4) \tag{4-37}$$

待求变量是优先类、允许类、限制类和禁止类用户的总用气量。

二、优化模型第二阶段

在已知各个等级用户总用气量(即已由上述优化模型第一阶段计算出了 Q^{d1}，Q^{d2}，Q^{d3}，Q^{d4} 数值)的基础上，以经济效益最大化为目标函数。

①目标函数。

$$F_2 = \sum_{i=1}^{N_1} S_i^1 Q_i^{d1} + \sum_{j=1}^{N_2} S_j^2 Q_j^{\ d2} + \sum_{k=1}^{N_3} S_k^3 Q_k^{\ d3} + \sum_{l=1}^{N_4} S_l^4 Q_l^{\ d4} \tag{4-38}$$

式中 F_2——经济效益最大化目标函数，万元/天；

S_i^1 ——优先类用户中第 i 个用户的天然气使用价值，元/m^3；

S_j^2 ——允许类用户中第 j 个用户的天然气使用价值，元/m^3；

S_k^3 ——限制类用户中第 k 个用户的天然气使用价值，元/m^3；

S_l^4 ——禁止类用户中第 l 个用户的天然气使用价值，元/m^3。

② 约束条件。

$$Q_{i\min}^{d1} \leqslant Q_i^{d1} \leqslant Q_{i\max}^{d1} \tag{4-39}$$

$$Q_{j\min}^{d2} \leqslant Q_j^{d2} \leqslant Q_{j\max}^{d2} \tag{4-40}$$

$$Q_{k\min}^{d3} \leqslant Q_k^{d3} \leqslant Q_{k\max}^{d3} \tag{4-41}$$

$$Q_{l\min}^{d4} \leqslant Q_l^{d4} \leqslant Q_{l\max}^{d4} \tag{4-42}$$

$$Q^{d1} = \sum_{i=1}^{N_1} Q_i^{d1} \tag{4-43}$$

$$Q^{d2} = \sum_{j=1}^{N_2} Q_j^{d2} \tag{4-44}$$

$$Q^{d3} = \sum_{k=1}^{N_3} Q_k^{d3} \tag{4-45}$$

$$Q^{d4} = \sum_{l=1}^{N_4} Q_l^{d4} \tag{4-46}$$

③ 优化变量。

该模型的优化变量以及待求变量是各个用户的用气量：

$$X_2 = \{Q_i^{\ d1},\ Q_j^{\ d2},\ Q_k^{\ d3},\ Q_l^{\ d4}\}(i=1,\ 2\cdots N_1;\ j=1,\ 2\cdots N_2;\ k=1,\ 2\cdots N_3;\ l=1,\ 2\cdots N_4) \tag{4-47}$$

由于上述模型两个阶段的模型都属于线性优化模型，采用求解线性优化模型比较成熟的算法-单纯形算法分两步求解上述天然气用户用气量分配模型即可。

第五章

天然气资源利用方式

天然气的勘探开发为其利用提供了条件，而利用范围的不断扩展和深化又大大推动了天然气的勘探开发进程。在市场经济条件下，市场需求是天然气勘探开发和引进的原动力。天然气利用处于整个产业价值链的下游，按用气行业主要划分为城镇燃气、工业燃料、化工和发电四类。其中城镇燃气和工业燃料是利用天然气的燃烧特性。

第一节　天然气燃烧与应用

天然气是理想的优质燃料，广泛应用于国民经济的各个部门。天然气利用中的城镇燃气和工业燃料都是通过天然气的燃烧来实现的。因此，本节主要阐述天然气的燃烧及应用。

燃烧是可燃物质与氧或氧化剂化合时发生的一种伴有放热和发光的激烈氧化反应。燃烧必须同时具备三个条件，即：

（1）有可燃物质存在；

（2）有助燃物质存在，常见者为空气、氧气等；

（3）有能导致燃烧的能源即点火源，如撞击、摩擦、明火、静电火花、雷电等。

天然气的燃烧也一样遵守以上规律，即可燃物、助燃物和点火源是构成燃烧的三要素，缺少其中任何一个燃烧就不能发生。

燃烧在可燃物浓度、温度、点火能等方面都存在着极限值，后面要介绍这种燃烧极限。在某些情况下，如可燃性混合物浓度未达到燃烧极限范围之内，或不具备足够的点火能量，那么即使具备上述三个条件，燃烧也不会发生。例如当空气中的含氧量低于4%时。一般可燃物质便不会发生燃烧；又如一根火柴的热量不能点燃一根木柴。对于已经进行着的燃烧，若消除三个条件中的任何一个，燃烧就会终止。

一、天然气的燃烧特性

1. 天然气的热值

$1m^3$燃气完全燃烧所放出的热量称为该燃气的体积热值，以下简称热值，单位为 kJ/m^3或 MJ/m^3。

热值可分为高热值和低热值。常用燃料与天然气的热值换算如表 5-1 所示。

表 5-1　常用燃料与天然气的热值换算

燃料名称		热值/（MJ/kg）（下限）	热值/（MJ/kg）（上限）	热值大卡/（kcal/kg）（下限）	热值大卡/（kcal/kg）（上限）	燃烧 1t 该燃料需要天然气方数
固体燃料	焦炭	25.12	29.308	5980.952381	6978.095238	693.5241629
	无烟煤	25.12	32.65	5980.952381	7773.809524	693.5241629
	烟煤	20.93	33.5	4983.333333	7976.190476	577.8447743
	褐煤	8.38	16.76	1995.238095	3990.47619	231.3587773
	泥煤	10.87	12.57	2588.095238	2992.857143	300.1038078
	石煤	4.19	8.38	997.6190476	1995.238095	115.6793886
	标准煤	29.308		6978.2		809.1604824
液体燃料	原油	41.03	45.22	9769.047619	10766.66667	1132.774538
	重油	39.36	41.03	9371.428571	9769.047619	1086.668434
	柴油	46.04		10961.90476	0	1271.092583
	煤油	43.11		10264.28571	0	1190.200106
	汽油	43.11		10264.28571	0	1190.200106
	沥青	37.69		8973.809524	0	1040.562329
	焦油	29.31	37.69	6978.571429	8973.809524	809.2035516
	液化石油气(液态)	45.22	50.23	10766.66667	11959.52381	1248.453927
气体燃料	天然气	36.22		8623.809524	0	0.999977913
	油田伴生气	45.46		10823.80952	0	1.255079954
	矿井气	18.85		4488.095238	0	0.520419207
	焦炉煤气	18.26		4347.619048	0	0.504130224

续表

	燃料名称	热值/(MJ/kg)(下限)	热值/(MJ/kg)(上限)	热值大卡/(kcal/kg)(下限)	热值大卡/(kcal/kg)(上限)	燃烧1t该燃料需要天然气方数
气体燃料	直立炉煤气	16.15		3845.238095	0	0.445876403
	油煤气(热裂)	42.17		10040.47619	0	1.164248167
	油煤气(催裂)	18.85	27.33	4488.095238	6483.333333	0.520419207
	发生炉煤气	5.01	6.07	1192.857143	1445.238095	0.138318314
	水煤气	10.05	10.87	2392.857143	2588.095238	0.277464882
	两段炉煤气	11.72	12.57	2790.47619	2992.857143	0.323570987
	混合煤气	13.39	15.06	3188.095238	3585.714286	0.369677092
	高炉煤气	3.52	4.19	838.0952381	997.6190476	0.09718173
	转炉煤气	8.38	8.79	1995.238095	2092.857143	0.231358777
	沼气	18.85		4488.095238	0	0.520419207
	液化石油气(气态)	87.92	100.5	20933.33333	23928.57143	2.42733457

高热值是指1m^{3}燃气完全燃烧后其烟气被冷却至原始温度，而其中的水蒸气以冷凝水状态排出时所放出的热量。

低热值是指1m^{3}燃气完全燃烧后其烟气被冷却至原始温度，但烟气中的水蒸气仍为蒸汽状态时所放出的热量。显然，燃气的高热值在数值上大于其低热值，差值为水蒸气的汽化潜热。

在工业与民用燃气应用设备中，烟气中的水蒸气通常是以气体状态排出的，因此实际工程中常用燃气低热值进行计算。而只有当烟气冷却至水露点温度以下时，其水蒸气的汽化潜热才能被利用。实际使用的燃气是含有多种组分的混合气体。混合气体的热值可以直接用热量计测定，也可以由各单一气体的热值根据混合法则进行计算：

$$H = \sum H_i y_i \tag{5-1}$$

式中 H——燃气(混合气体)的高热值或低热值，kJ/m^3；

H_i——燃气中各可燃组分的高热值或低热值，kJ/m^3；

y_i——燃气中各可燃组分的体积分数,%。

2. 燃烧极限

在一定的温度和压力下，只有混合气的燃料浓度在一定范围之内，混合气才能被点燃并传播火焰。这个混合气中燃料的浓度范围称为该燃料的燃烧极限。燃烧时可燃物或助燃物空气的浓度都不能过小，否则会使燃烧反应速度减少并使释放出的热能不能补偿热量的散失，因而使混合气不能点燃及传播火焰。这就是混合气浓度过稀或过浓都不能实现顺利点火的原因。通常把混合气中能保证顺利点燃并传播火焰的燃料的最低浓度称为该燃料的燃烧下限，最高浓度称为该燃料的燃烧上限。准确地评定燃烧极限，一般需要实验测定。但若已知可燃物的相对分子质量和发热值，则可根据经验公式预测可燃物的燃烧下限。燃烧极限又称“着火极限”，燃烧极限越宽、燃烧下限越小则着火危险度越大。表 5-2 中列出了天然气和燃料油在空气中的燃烧极限。

天然气的燃烧不需要像固体、液体那样经过熔化、蒸发等过程，所以燃烧速度很快。气体燃烧分混合燃烧和扩散燃烧，通常情况下混合燃烧速度高于扩散燃烧速度。气体的燃烧速度通常用火焰传播速度来衡量。

表 5-2　天然气和燃料油在空气中的燃烧极限

名　称	燃烧极限/%(体积)	
	下限	上限
天然气	6.5	17
轻质汽油	1.1	8.7
汽油	1.4	7.6
粗汽油	0.8	5
煤油	0.7	5

3. 华白数

华白数是判断燃气互换性和燃烧器设计选型的重要指标，各国规定华白指数的变化范围虽有差异，但是，其变化范围一般在±5%以内。

天然气的华白指数：

$$W_{[t_1,\ v(t_2,\ p_2)]} = \frac{\tilde{Q}_{s[t_1,\ v(t_2,\ p_2)]}}{\sqrt{d_{(t_2,\ p_2)}}} \tag{5-2}$$

式中　$W_{[t_1,\ v(t_2,\ p_2)]}$——真实气体的华白指数，MJ/Nm^3；

$\tilde{Q}_{s[t_1,\ v(t_2,\ p_2)]}$——真实气体按体积条件的高热值，MJ/Nm^3；

$d_{(t_2,\ p_2)}$——真实气体在计量参比条件下的相对密度。

二、天然气燃烧方式

和所有燃气燃烧一样，在合适条件下，天然气一旦开始燃烧，只要继续供气，燃烧就可以持续下去。天然气的燃烧方式分为三种，即部分预混合燃烧、完全预混合燃烧、扩散式燃烧。

如果可燃气体在进入燃烧反应区之前，只与燃烧所需的部分空气混合，称为部分预混合燃烧，部分预混合燃烧又称为大气式燃烧。如果燃烧所需的全部空气与天然气混合，称为完全预混合燃烧。燃烧过程是复杂的化学反应动力学过程，既有物质的混合与扩散，同时也有物质的多相流动。由于预混合燃烧方式调节范围宽，燃烧完全，因此广泛应用于民用及商业燃气领域。

1. 预混层流火焰传播理论

19 世纪中期德国人本生(Bunsen F)发明本生燃烧器，第一个将预混原理应用于气体燃烧。本生火焰是典型的部分预混层流燃烧火焰，被定义为一维定常火焰。火焰由内外圆锥火焰区及其外围高温烟气组成。内锥部分属动力燃烧区，火焰呈蓝白色且具有还原性。外锥部分为未燃尽气体反应区，空气通过扩散与可燃质继续发生氧化反应，最终完成燃烧。该区火焰呈氧化性。

当可燃混合物在火焰锥面法向分速度等于火焰传播速度时，焰面相对稳定。从空间上观察，焰面出现在未燃混合物和已燃烧产物组成的“薄层”上。这一具有一定厚度的薄层称为燃烧反应区，也称“火焰前沿”、“火焰烽面”、“燃烧波”。

火焰传播速度受高温燃烧产物向未燃气体传导的逆向热流所控制。初温愈高，火焰温度也愈高，因而反应速度和火焰速度愈快。在燃烧反应区中，存在着预热和化学反应两个基本区。当反应物被预热到某一温度开始燃烧，则该点温度即为“点火温度”。反应服从质量守恒定律。

反应动力学理论认为，火焰传播速度取决于火焰中的活化基团即自由基的扩散速度。按此理论，燃烧温度愈高离解愈激烈，扩散回的自由基浓度愈高，火焰传播速度就愈快。

2. 预混紊流燃烧火焰

当流体流动特性参数-雷诺数足够大时，层流燃烧火焰转变为紊流燃烧火焰。紊流燃烧火焰更具有实用性。由于这种火焰热强度高，在热力设备中被广泛采用。

层流中唯一可能的混合作用是以分子扩散为主，因此，流体的速度、浓度、温度等的分布是平滑有序的。对于紊流燃烧火焰，不同状态的流体紊流涡旋已经相互穿插，流体流动参数的分布不可能再平滑有序。

火焰传播的实质是“火焰烽面”上介质能量和质量的交换，并由此形成化学反应区的移动。在这一点上，紊流中火焰传播的基本原理与层流中是相同的。然而，紊流火焰传播过程除了受可燃气体的组分和性质影响外，很大程度上，还受紊流的紊动程度的影响，由此火焰传播速度会显著增加。

3. 扩散燃烧火焰

扩散燃烧火焰是指燃气与空气在燃烧前分开供入，且混合与燃烧过程同时发生的一种火焰。扩散火焰其特征是非预混的火焰，且焰烽具有定常和非定常特性，火焰反应发生在一个近似等压的面上。

在扩散火焰中，化学反应速率比气体混合速率大得多。因此，燃烧速度和燃烧完全程度除与化学反应动力学有关，还取决于天然气和空气的混合程度以及分子间扩散速度。扩散火焰同样分为层流扩散火焰和紊流扩散火焰两种形式。

扩散燃烧火焰稳定性好，不会发生回火，无需预先混合，因而便于操作，在实际应用领域有着较之预混合燃烧更广泛的用途。

四、天然气城镇燃气应用

天然气作为燃料，由于具有高效、环保和方便的优点，已经成为现代城市优先选择的一种洁净能源。城市天然气主要用于民用和商业(包括公共事业部门)。在国外，城市利用天然气比较早，美国从1821年开始就把天然气送入城市作民用生活燃料，至今天然气仍是美国城市取暖、烹调、织物干燥和热水等重要能源。由于城市民用缺乏更换能源的能力，短期中断供应会给居民生活带来困难，因此天然气利用普及的国家都把为居民可靠供气作为管理的中心任务。一些发达国家在气源保证的前提下，首先满足居民用气。美国2002年约有6500万户家庭使用天然气，每年每户平均用气量高达2540m^3，即平均每天每户约消费7m^3天然气。天然气用于商业主要是室内采暖、制冷和近年迅速发展的天然气热电联产(供)系统。发达国家天然气用于城市的比例比较高，特别是资源丰富和传统利用天然气的国家和地区。20世纪70年代以来，城市用气量稳定在比较高的水平。例如，美国、荷兰、加拿大等国消费比例长期稳定在35%~50%之间；有些国家缺乏资源，如法国、德国、意大利，靠进口天然气维持高用气量比例，20多年来，比例逐年上升；1965年以前，英国城市住宅主要使用人造燃气，自1965年发现北海气田后的十几年间，即到1978年就有1300多万户民民用上了天然气；与西欧国家相比，俄罗斯城市的消耗比例较低，1996年仅16.4%，但是俄罗斯天然气国内消费绝对量比较大，1998年度达到3647.0×10^8m^3，用于城市作燃的就有561×10^8m^3，2005年消费量为405×10^8m^3；美国消费量为6335.0×10^8m^3，居世界第一位。

（一）城市天然气应用现状

我国很早就开始利用天然气。20世纪50年代，国内天然气主要用于熬盐工业、炭黑生产，20世纪60年代四川、华北、东北天然气田获得开采，从此开始了我国城市用天然气的历史，先后有自贡、泸州、成都、重庆、天津、鞍山和盘锦等城市用上了天然气。

我国城市使用燃气是从煤气开始的，随着石油工业的发展，液化石油气和天然气才逐渐进入到城市的居民家庭。1990年全国大中城市共消耗煤气、液化石油气和天然气267.12×$10^8$$m^3$（按立方合计数计），其中天然气占24.03%，用于城市居民家庭燃气为57.4×$10^8$$m^3$，天然气只占20.2%。随着我国天然气产量增加，城市住宅天然气用量逐年上升，利用天然气人口逐年增加，到2005年底，用气人口为2.95亿，燃气用量达到623.81×$10^8$$m^3$，其中天然气为210.5×$10^8$$m^3$，占到总用气量的33.74%。2005年我国城市燃气和居民燃气用量构成比例见表5-3。

表5-3　2005年我国城市燃气用量和民用燃气用量构成比

城市燃气用量为623.81×$10^8$$m^3$			城市居民燃气用量为189.05×$10^8$$m^3$		
天然气③/%	LPG①	煤气②/%	天然气③/%	LPG①	煤气②/%
33.74	25.26	41	27.55	48.16	24.28

①LPG热量为10714kcal/kg折算天然气；②煤气热值为3500kcal/m^3折算天然气；③天然气热值为8127kcal/m^3。

根据多年统计数据显示，我国城市居民家庭用天然气量由1990年的11.6亿立方米/年上升到2005年的52.1亿立方米/年，主要用于烹调。随着城市居民生活水平的不断提高，燃气热水器、壁挂式采暖器等迅速进入家庭，人均天然气消费量将会迅速增加。城市住宅用户将成为我国天然气一个广大的消费市场。我国城市民用天然气消费增长见表5-4。

表5-4　我国城市民用天然气消费增长

年份/年	城市总燃气消耗量/×$10^8$$m^3$/a	城市用天然气量/×$10^8$$m^3$/a	城市居民家庭用天然气量/×$10^8$$m^3$/a	城市用天然气比/%
1990	267.12	64.2	11.6	11.9
1995	256.98	67.3	16.4	26
2000	370.29	82.1	24.8	20
2002	471.25	125.9	35	26.7
2003	456.37	141.64	37.5	31
2004	258.26	169.34	45.4	32
2005	623.81	210.5	52.1	33
2006	704.06	244.8	57.3	34.76
2007	820	308.63	66.2	37.63

注：总消耗量为体积立方合计数。

（二）城市各类用户的用气定额及用量计算

城市用气量是指居民生活用气量、公共建筑用气量、采暖用气量及工业企业用气量的总和。

1. 各类用户的用气定额

（1）居民生活用气定额　居民生活用气定额与生活水平、地区的气象条件、天然气用具的配置情况、有无集中采暖及热水供应和有无公共生活服务网（食堂、热食店、饮食店、浴洗衣房等）、居民每户平均人口数、天然气价格等因素有关。我国地域辽阔，条件差异大，要精确估算难度很大。通常是根据实际统计资料进行分析研究，参考情况近似的城市居民用气定额，结合本地区的具体情况确定。我国几个主要城市的居民用气定额见表5-5。

表5-5　我国几个主要城市的居民用气定额

城市名称	居民生活用气定额/（MJ/人）		城市名称	居民生活用气定额/（MJ/人）	
	无集中采暖设备	有集中采暖设备		无集中采暖设备	有集中采暖设备
北京	2510~2720	2720~3060	沈阳	1590~1720	2010~2180
上海	2300~2510	—	哈尔滨	1670~1800	2430~2510
南京	2050~2180	—	成都	2180~2800	—
大连	1550~1670	1970~2090	重庆	2300~2720	—

我国城市燃气规范分三种情况：一是住宅内设燃气灶，并有集中供热水设施时，炊事用气定额为2680MJ/（人·年）；二是无集中供热水和燃气热水器时，炊事（不包括洗衣的日用水）用气定额为3400MJ/（人·年）；三是当住宅内设燃气社及燃气热水器时，炊事（不包括洗衣的日常用热水及洗涤用热水）用气定额为5320MJ/（人·年）。

（2）公共建筑用气定额　公共建筑用气定额与用气设备的性能、加工食品的方法和地区的气象条件等因素有关。我国几类公共建筑用气定额见表5-6。

表5-6　几类公共建筑的用气定额

用气类别	单位	用气定额
幼儿园、托儿所		
全托	MJ/（人·年）	1680~2090
日托	MJ/（人·次）	630~1050
理发	MJ/（人·次）	850
淋浴	MJ/（人·次）	38
盆浴	MJ/（人·年）	50
医院		

续表

用气类别	单位	用气定额
用于炊事	MJ/(床位·年)	3180
日常及医疗用热水(不包括洗衣)	MJ/(床位·年)	9210
门诊部：用于医疗(不包括洗衣)	MJ/(就诊者·年)	84
食堂饭馆用于炊事		
午餐	MJ/顿午餐	4.2
早餐或晚餐	MJ/早餐或晚餐	2.1
直接在炉上烤面包	MJ/t 成品	4560
糕点(大蛋糕、甜点心、饼干等)	MJ/t 成品	6070

(3) 工业产品生产用气定额 部分工业产品生产用气定额见表5-7。

表5-7 部分工业产品生产用气定额

序号	产品名称	加热设备	单位	耗气定额/MJ
1	炼铁(生铁)	高炉	t	2900~4600
2	炼钢	平炉	t	6300~7500
3	熔铝	熔铝锅	t	3100~3600
4	洗衣粉	干燥器	t	12600~15100
5	黏土耐火砖	熔烧窑	t	4800~5900
6	石灰	熔烧窑	t	5300
7	玻璃制品	溶化、退火等	t	12600~16700
8	白炽灯	溶化、退火等	t	15100~20900
9	织物烧毛	烧毛机	t	800~840
10	中型方坯	连续加热炉	t	2300~2900
11	薄板钢坯	连续加热炉	t	1900
12	中厚钢板	连续加热炉	t	3000~3200
13	无缝钢板	连续加热炉	t	4000~4200
14	钢零部件	室式退火炉	t	3600

2. 各类用户年用气量计算

(1) 居民生活年用气量的计算

在计算居民生活用气量时，需要确定用气居民人数。居民人数可用气化率来计算。气化率是指城市居民使用天然气的人口数占城市总人口的百分比。一般城市的气化率很难达到100%，居民生活年用气量可根据居民生活指标、居民数、气化率，按下式计算：

$$Q_a = \frac{NKq}{H_L} \tag{5-3}$$

式中 Q_a——居民生活年用气量，m^3/a；

N——居民人口数，人；

K——气化率,%；

q——居民生活用气定额，kJ/(人·年)；

H_L——天然气低热值，kJ/m^3。

(2) 公共建筑年用气量的计算

在计算公共建筑年用气量时，首先要确定各类用户的用气量定额和各类用户用气人数占总人口的比例。用气人数取决于城市居民人口数和公共建筑的设施标准。此标准是指：一千居民中入托儿所、幼儿园人数；为一千居民设置的医院、旅馆床位数等。表 5-8 是上海市各类公共建筑设施的标准。

表 5-8　上海市各类公共建筑设施的标准

序号	公共建筑类别	比例数 M	序号	公共建筑类别	比例数 M
1	食堂	40 座/100 人	6	幼儿园	10 人/100 人
2	医院	5 床/1000 人	7	托儿所	10 人/100 人
3	门诊部	6 次/(人·年)	8	理发	24 次/(人·年)
4	旅馆	2 床/1000 人	9	洗澡	150 次/(人·年)
5	学校	9 人/100 人			

公共建筑年用气量可按下式计算。

$$Q_a = \frac{NMq}{H_L} \tag{5-4}$$

式中　Q_a——公共建筑年用气量，m^3/a；

N——居民人口数，人；

M——各类用气人数占总人口的比例数，%；

q——各类公共建筑用气定额，kJ/(人·年)；

H_L——天然气低热值，kJ/m^3。

(3) 城市工业企业年用气量的计算

工业企业年用气量与生产规模、班制和工艺特点有关，一般只进行粗略估算。估算方法有以下两种。

第一种是工业企业年用气量可利用各种工业产品的用气定额及年产量来计算。

① 单一产品工业企业用气量可按下式计算：

$$Q_a = \frac{Nq}{H_L} \tag{5-5}$$

式中　Q_a——工业企业年用气量，m^3/a；

N——工业企业产品年产量，t/a；

q——产品单耗定额，kJ/t；

H_L——天然气低热值，kJ/m^3。

② 多产品工业企业年用气量可按下式计算：

$$Q_a = \sum_i^n \frac{N_i q_i}{H_L} \quad i = 1, 2, 3, \cdots, n \tag{5-6}$$

式中 N_i——工业企业第 i 种产品年产量，t/a；

q_i——工业企业第 i 种产品的单耗定额，kJ/t。

第二种是在缺乏产品用气量定额资料的情况下，通常是将工业企业其他燃料的年用量折算成天然气用量，其折算公式如下：

$$Q_a = \frac{1000 G_a H'_L \eta'}{H_L \eta} \tag{5-7}$$

式中 G_a——其他燃料年用量，t/a；

H'_L——其他燃料的低热值，kJ/kg；

η'——其他燃料燃热效率,%；

η——天然气燃烧设备热效率,%。

（4）城市建筑物采暖年用气量

城市建筑物采暖年用气量与建筑面积、耗热指标和采暖期长短有关，一般可按下式计算：

$$Q_a = \frac{Fqn}{H_L \eta} \tag{5-8}$$

式中 Q_a——采暖年用气量，m^3/a；

q——建筑物耗热指标，$kJ/(m^2 \cdot h)$；

F——使用天然气采暖的建筑面积，m^2；

H_L——天然气的低热值，kJ/m^3；

η——采暖系统热效率,%；

n——采暖负荷最大利用小时数，h。

由于各地冬季采暖计算温度不同，因此各地区城市的建筑物耗热指标 g 也不相同，其值可由采暖通风设计手册查得。

采暖负荷最大利用小时数可按下式计算：

$$n = n'_1 \frac{t_1 - t_2}{t_1 - t_3} \tag{5-9}$$

式中 n——采暖负荷最大利用小时数，h；

n'_1——采暖期，h；

t_1——采暖室内计算温度,℃；

t_3——采暖室外计算温度,℃；

t_2——采暖期室外平均温度,℃。

(5) 未预见气量

城市年用气量中还应计入未预见气量，未预见气量主要指管网的天然气漏损量和未预见到的供气量。未预见气量一般可按总用气量的5%计算。

五、天然气工业燃料应用

由于天然气燃烧性能较好，二氧化碳排放量较低，同时天然气基础设施日益完善，在工业部门中天然气仍将继续替代成品油，并获得市场份额的提高。在2030年之前工业炉的主要能源将是电力和天然气。

在工业炉中采用天然气作燃料，对不同物料，在不同的温度范围，以不同的燃烧工艺供热；在锅炉和种类繁多的高温反应器中也大量利用天然气供能。在工业炉中加热方式一般是将天然气燃烧后形成高温火焰或烟气直接与物料接触加热，也有部分工业炉是靠辐射向物料供热；对锅炉和各种反应器、蒸发器等加热，除个别是烟气与液体直接接触以外，基本上是间壁式的对反应物或加载体供热。天然气燃烧产生不同温度的高温烟气广泛用于从物料中脱除水分和其他溶剂的蒸发、结晶过程及干燥作业，向各类吸热化学反应供热。天然气可在专用燃烧器上形成加工火焰，如用于金属切割、焊接和加工的火焰，使金属表面局部加热，改变金相结构，改善材料工艺性能。此外，天然气在工业建筑物中还用作取暖制冷燃料。天然气用作工业炉燃料可有效地提高产品质量、产量，节约能源，减轻劳动强度，为企业带来良好的经济、社会和环境效益。

1. 天然气作工业燃料的特点

(1) 工业用户一般能耗较大，与煤和燃料油比较，使用天然气不必建设燃料储存场所和设备，无需备用操作，使用燃料前的管理简单，燃烧设备结构简单，因此可节省占地、投资和操作费用。

(2) 与煤、燃料油比较，天然气燃烧后产生的CO_2较少，产生的SO_x和颗粒物极少，无灰渣，生成的NO_x也较少且容易采取措施进一步降低。因此，燃烧天然气的工业装置对环境污染小。

(3) 燃烧天然气的工业炉便于温度控制，炉膛温度均匀，程序升温平稳，火焰清洁，有利于生产优质产品，提高制品质量，减少次、废品，并且有利于提高装置生产率。

(4) 天然气工业炉炉内气温调节灵活，易于迅速地调节炉内氧化、中性或还原的气温，适应特种工艺制品的生产。炉内没有结渣、结焦问题，容易实现自动点火和火焰监视。

（5）天然气能够灵活地与其他燃料配搭燃烧，实现增产、节能、降耗。例如，炼铁高炉风口上方装设天然气燃烧器，天然气和焦炭共同作为高炉能源，可使高炉产量增加30%~100%，焦炭消耗量减少30%~50%，热效率提高25%~50%。天然气与煤粉共燃，可使用燃煤装置排放符合环保规定的要求。20世纪80年代以来，美、英和德等国家已经有相当部分的高炉炼铁选用了喷吹天然气工艺。

（6）建筑陶瓷，如生产釉面砖的窑炉使用天然气作燃料后，不会产生炭黑、颗粒、气泡、麻点等缺陷，窑炉内温度均匀，产品变形小，能够生产高档次的釉面砖。

（7）锅炉是工业中量大的耗能设备，我国燃煤锅炉效率约50%~60%，而燃烧天然气的锅炉效率可达80%~90%。

（8）燃烧天然气的工业炉运行时，天然气与空气混合物处于爆炸极限内，且存在运行前的泄漏，运行中的熄火、回火等，可燃混合物在未着火的状态下进入火炉内，以及火焰倒入混合管中等一系列情况，容易引起爆炸，因此天然气工业炉的操作和管理比其他燃料更严格。

2007年我国工业领域能源消费总量为19×10^8t标煤，其中制造业消耗15.6$\times10^8$t标煤，占82%。远景来看，工业领域能源需求仍将大幅增加，这部分用能可以考虑用天然气替代。在各地市规划用气项目基础上，考虑工业用能替代比例，预测2015年工业燃料用气需求$732\times10^8m^3$，2030年为$930\times10^8m^3$。

工业炉是一种最常用的加热设备。根据其加热工艺及加工制度，大致可分为以下5种类型：

（1）熔炼炉：将金属等物料从固体熔化为液态，在加入其他元素进行精炼，加熔铜炉、平炉、熔铝炉等等。

（2）加热炉：将金属加热变软，再加工成型，如轧钢炉、锻造炉等等。

（3）热处理炉：将金属材料加热，使其结晶组织结构发生变化，如淬火炉，或结晶组织结构不改变而机械性能改变，如退火炉等，或进行化学处理，如渗碳炉等。

（4）焙烧炉：将物料加热，使之发生物料或化学变化而得到新的产品，如石灰石、白云石等的煅烧炉。

（5）干燥炉：此类炉子最为普遍，其加热目的为蒸发物体内的水分（包括结晶水）。各工业部门由于干燥的物品不同，炉型也不同，如机械冶金部门的烘砂炉、烘模炉，食品部门的食品烘烤炉等等。

上述五类工业炉各有不同的加热目的，它们的炉温取决于加热工艺和被加热的材料。常用的若干材料在不同工艺要求时的加热温度列于表 5-9。

表 5-9　常用材料不同工艺时的加热温度

序号	加热工艺或下一步工艺	材料加热过程中的最高加热温度/℃
	一、熔炼炉	
1	钢熔炼	1675
2	玻璃熔化	1425
3	铜熔炼	1250
4	铝熔炼	750
	二、加热炉	
1	钢模锻压加热	1350
2	铜轧制加热	870
3	铝轧制加热	455
4	钢轧制加热	1200
5	薄钢板热压成型加热	1050
	三、热处理炉	
1	钢渗碳加热	980
2	中炭钢淬火	870
3	铸钢件退火	900
4	铝坯退火	400
5	黄铜退火	540
6	玻璃退火	620
	四、焙烧炉	
1	石灰石煅烧	1370
2	波特兰水泥烧成	1450
3	瓷坯素烧	1230
	五、干　燥	
1	砂型烘干	350~500
2	糕点烘烤	200~280
3	油漆干燥	150

2. 天然气用作工业炉能源的特点

目前工业炉的能源有电、煤、油、气 4 种。后三种工业炉的加热方式是将燃烧燃烧后的生成物来加热物体，通常被称为火焰炉。燃烧天然气的工业炉是火焰炉的一种，它比燃煤和燃油工业炉条件优越，调节方便，主要有以下优点：

（1）天然气经过脱硫等预处理，燃烧产生的 SO_2 量少；且含氮量也少，

燃烧产生的 CO_2、NO_x 比煤和油少。因此是一种清洁燃料。

（2）通常天然气燃烧器的调节比要比其他燃烧装置的幅度宽，过剩空气量也较其他燃料少，而且容易实现炉温和炉压的自动控制。

（3）燃烧器不存在结渣、结焦等问题，即使不完全燃烧产生的炭黑也容易清理。燃烧器容易实现自动点火及火焰监测。

（4）炉内燃烧生成物的调节灵敏，过剩空气量稍加以变动，炉内气氛随即变动。这样，快速加热、可控气温等特种工艺就较容易实现。

（5）建筑陶瓷，如生产釉面砖的窑炉使用天然气作燃料后，不会产生炭黑、颗粒、气泡、麻点等缺陷，窑炉内温度均匀，产品变形小，能够生产高档次的釉面砖。

第二节　天然气发电

电力是人类社会能源消费的高级形式，全世界生产的一次能源中约有三分之一用于电力生产，用于发电的一次能源除煤、石油、天然气等化石燃料外还有核能和水力，其余如地热、风能、太阳能、生物燃料等可再生能源发电量很小。

一、天然气发电的概况

世界各国根据本国资源、环境、能源政策和社会发展状况选择不同的一次能源结构生产电力。表 5-10 为一些国家电力生产的一次能源结构。

表 5-10　1996 年世界一些国家电力生产的一次能源结构

国家	一次能源结构/%					发电量/TW·h
	煤	石油	天然气	核能	其他	
加拿大	16	2	3	16	63	571
美国	53	3	13	20	12	3652
日本	18	21	20	30	10	1003
法国	6	2	1	78	13	508
德国	55	1	9	29	6	551
英国	42	4	24	27	3	346
俄罗斯	19	9	40	13	19	846

续表

国家	一次能源结构/%					发电量/TW·h
	煤	石油	天然气	核能	其他	
韩国	35	18	12	33	1	223
巴西	2	3	0	1	94	283
印度	73	3	6	2	16	435
中国	75	6	0.2	1.3	17.5	1080
世界总计	38	9	15	18	20	13621

天然气在发电行业中的利用起步较晚。20 世纪 70 年代中期，欧美国家由于天然气供不应求，价格上扬，一度曾限制天然气用于发电，如 1978 年美国颁布了“电站和工业燃料使用法”，禁止天然气在新发电装置上使用。因此 80 年代以前天然气在发电中的消费量所占的比例较低。

20 世纪 80 年代，特别是 90 年代以来，世界天然气探明储量增长很快，据第十四届世界石油大会评估，全球常规天然气最终可采储量为 $327\times10^{12}m^3$，目前已采 $50\times10^{12}m^3$，已探明剩余储量 $145\times10^{12}m^3$，还有 $132\times10^{12}m^3$ 等待开发。按每年 $2.3\times10^{12}m^3$ 开发，常规天然气可供应 60 年，在此期间，天然气的生产和消费在以年均 3%以上的速度增长。可靠的天然气供应，解除了一些国家天然气用于发电的禁令。特别是联和循环发电和热电联产技术的不断进步，使天然气在世界电力生产中的消费量逐年增加，占天然气总消费量的比例上升较快。有关资料表明，发达国家，特别是欧美国家在新增电站中 60%～70%为燃气轮机电站，如美国 1980～1987 年间建设了 1728 座热电站，其中 73%是天然气燃机热电站。表 5-11 是世界电力生产天然气的消费量及比例。

表 5-11 世界电力生产天然气消费量及比例

年份/年	1980	1985	1990	1991	1992	1993	1994	1995	1996	2000	2003
天然气消费量	3100	3870	5390	6620	6400	7090	7120	7170	7390	8250	9280
占天然气总消费量的比例/%	20	22	26	31	31	33	33	33	32	35	38

由表 5-11 可见，电力部门是天然气消费的主要市场，据预测，在未来天然气增长的消费中，有 50%以上将消费在电力市场。

我国的天然气在发电行业的利用起步较晚，直到 20 世纪 70 年代以后，才先后有 100 多台中小型燃气轮机投入运行，在电力生产一次能源结构中所占比例不到 1%，其作用是以电网调荷为主。但近年来发展较快，这主要与天然气发电的特点决定的，天然气发电与其他火电相比，具有明显的特点。

1. 对环境的污染小

天然气由于经过了净化处理，含硫量低，每亿千瓦时电排放的SO_2为2t，仅是普通燃煤电厂的千分之一。另外耗水量少，只有煤发电厂的1/3，因而废水排放量减少到最低程度。至于灰渣，排放量为零，远远优于煤电。

2. 热效率高

普通燃煤蒸汽电厂热效率的高限为40%，而天然气燃气-蒸汽联合循环电厂的热效率目前已达56%，且还在继续提高。这主要是联合循环将燃气透平与蒸汽透平进行了有机结合，从而提高了燃料运储的化学能与机械功之间的转换效率。以GE公司的三压再热式GE9F燃气-蒸汽联合循环机组为例，燃气透平机的热利用率为21.1%，减去机组自身1.5%的热损失，GE9F联合循环发电机的总热效率为55.2%。

3. 占地小，定员少

燃气-蒸汽联合循环电厂占地少小，以2500MW电厂为例，燃气-蒸汽联合循环电厂占地$12hm^2$，而燃煤电厂却高达$52hm^2$，是前者的4倍多，由于联合循环电厂布置紧凑，自动化程度高，定员仅为300人。

4. 投资省

由于单机容量大型化，辅助设备少，联合循环电厂的投资不断下降。据Shell公司称，国外联合循环电厂每千瓦投资已将到400美元左右，而燃煤带脱硫装置的电厂每千瓦投资为800~850美元，高出1倍以上。

5. 调峰性能好

燃气-蒸汽联合循环电厂开、停车方便、调峰性能好，从启动到带负荷仅需要1h左右。通常早晨启动，午夜停机，每天运行约16h。

6. 发电成本低

天然气发电机组与燃煤机组在发电装机能力及运行时间相同时，其热消耗比燃煤机组低约1/3，循环效率高40%，主要污染物如NO_x、SO_x、CO_x及颗粒物排放、粉尘排放等远低于燃煤机组；建设周期比燃煤机组少一半，而平均建厂投资只有燃煤机组的1/2左右；运行维修费用也比燃煤机组低约1/3。另外，燃气电厂热效率高，$1m^3$天然气可发电5kW·h，燃气轮机发电机组比燃煤发电机组减少50%的占地面积，耗水量减少2/3。如表5-12所示。由此可见，天然气发电与燃煤发电相比，有更好的社会效益和经济效益，更适合做城市调峰电厂燃料。

表 5-12　燃气轮机联合循环机组与燃煤机组的比较

项　　目	燃气轮机联合循环机组	燃煤机组
发电装机能力/MW	350/700	350/700
机组数目	1/2	1/2
运行时间/(h/a)	8400	8400
热耗量/[Btu/(kW·h)]	6108	9500
循环效率/%	55.9	35.9
平均可用率/%	95.5	85
$NO_x/10^{-6}$	25	55
颗粒物排放率/(lb/MMBtu)	0.0029	0.1176
排放率/(lb/MMBtu)	0.000583	2.36
排放率/(lb/MMBtu)	125	205
粉尘排放率/(lb/MMBtu)	—	14.581
建设时间/年	3	6
平均建厂投资/(美元/kW)	400	847
不包括燃料的运行维修费用(美元/kW)	4.08	6.84

正因为如此，天然气已成为电力部门居于第二位的重要燃料。据国际能源署统计数据，2006 年全球发电燃料结构中，燃气发电量达到 3807TWh，占总发电量的 20%，在全球天然气消费总量中，电力部门的份额占 35%。2006 年世界发电燃料构成统计表见表 5-13。

表 5-13　2006 年世界发电燃料构成

发电机组类型	占世界发电量比例/%	发电机组类型	占世界发电量比例/%
燃煤	40.79	核电	14.69
燃气	20.02	燃油	5.76
水电	16.40	其他	2.34

资料来源：IEA《2008 世界能源展望》。

目前我国电力行业用煤约占全国工业煤耗的 45%，以煤为主的发电能源结构给环境带来了严重污染。据中国环境统计年报，2006 年火电厂排放量占全国工业二氧化硫排放量的 51.7%。随着经济持续发展和人民生活水平的提高，未来我国人均电力消费及总规模将成数倍增长。天然气发电在环保和效能方面大大优于煤炭，基本不产生二氧化硫，可减排 60%的二氧化碳，天然气发电的环境价值越来越被认可。从发电能源多元化、电力供应安全和环保角度考虑，在天然气资源供应充足的情况下应鼓励天然气发电。

中科院《2009 中国可持续发展战略研究报告》和麦肯锡 2009 年发布的《中国的绿色能源革命》对 2030 年中国电力装机进行了分析预测。中科院报告指出，在强化低碳情景下，2030 年中国天然气发电装机 1.1×10^8kW；按机组年发电小时3500h、发电效率50%测算，需天然气约$710\times10^8m^3$。麦肯锡报告指出在减排情景下，2030年电力装机1.44×10^8kW，按机组年发电小时3500h测算，需天然气约$930\times10^8m^3$。此外，埃克森美孚公司在2008年底发布的《2030年能源展望》，预测中国2030年天然气在电力能源中占6.7%，大约需$1036\times10^8m^3$天然气。

未来天然气发电主要考虑调峰电厂和热电联供电厂，调峰电厂主要承担电网调峰功能，热电联供电厂主要根据热负荷需求，以热定电。分布式电源一般为中小型企业及住宅小区提供热电冷源、规模较小，由城市管网供气，在城镇燃气规划中考虑。根据各地现有和规划燃气发电项目，预测2015年用气需求为$484\times10^8m^3$，2020年为$507\times10^8m^3$。

二、天然气热电联产

传统的发电和供热往往分别实施，热电分产。天然气燃烧产生的1300~1500℃高温烟气，蒸汽轮机无法直接利用，只能用来发生500℃左右的蒸汽来推动蒸汽轮机作功产生电力。工厂的中、低温热能需要另设锅炉发生蒸汽取得。这样天然气燃烧产生的高品位热能被降级使用，造成能量大材小用。因此热电分产燃料利用率低，加重环境负荷，增加CO_2等大气污染物排放量。

立足整个工厂用能，全面合理安排全厂能源利用，不同温度热能按品位和需要进行合理安排，做到热电结合，实现不同品位热能梯级利用，达到最大限度提高能源利用率，这就是所谓“总能系统”，采用这种方式安排能量利用的工厂称作“总能工厂”。天然气热电联产和联合循环发电系统都是“总能系统”概念的具体应用。

以热电联产方式同时供电供热是大量商业、公共服务和工厂用户的广泛要求。采用热电联产能量利用率高，热电联产效率可达73%，热电分产仅55%；热电联产污染小，每生产1kW·h电、5.86MJ热排出碳185g，热电分产排出碳278g。

天然气热电联产采用燃气轮机和内燃机做动力发电，排气用来产生蒸汽和热水。天然气燃气轮机的一些特点使它在热电联产系统中的利用得到迅速发展。

燃气轮机是旋转式热机，摆脱了往复式内燃机功率大小受活塞体积、重量和运动速度的限制，能设计出功率大、功率重量比高和结构紧凑的设备。

燃气轮机可采用蒸汽返回循环技术调节热电比，有利于适应用户在不同季节和工艺条件变动对热电的需求。

燃气轮机排气含热量高，排气温度500~600℃，适合于许多化工、轻工、纺织等行业工厂对热能的需求。燃气轮机热电联产多用于需要热量容量大的用户，对需要热量容量小的用户则用柴油机或天然气内燃机热电联产系统。

燃气轮机运行中废热散到大气，无需循环冷却水，润滑油消耗比内燃机少得多，运行费用省，燃气轮机的高频噪声是旋转发生，易于遮音；燃气轮机适用燃料比内燃机宽，可作为城市常规和防灾兼用型的发电装置。

三、天然气联合循环发电

传统的发电和供热方式是分开实施，电、热分开生产。在传统的发电工业中，燃料燃烧的高温热能只能通过锅炉产生500℃左右的高压蒸汽来推动蒸汽轮机做功，产生电力。工厂中需要的中、低位热能由另外设置的锅炉产生蒸汽供给，这种电、热分开生产的方式，使燃料产生的高品位优质热能被降级使用，从而降低了燃料的利用率。浪费了能源，同时加重了对环境的负荷，增加了对环境的污染程度。

依据工程热力学理论，借助系统工程的方法，对能量转化、传递和利用的全过程进行综合分析研究，按能量从高到低的顺序，通过热电联产、联合循环发电等形式，将不同温度的热能按应用要求进行合理分配。实现不同品位能量的梯级利用，以达到最大限度地提高能源的利用目的，这就是“总能系统”的能量梯级利用概念，如图5-1所示。

热电联产是指从一个能源顺序取得电和热两种以上的有效能量供实际应用的技术。燃气-蒸汽联合循环发电是指能源经燃气轮机输出动力发电后，排出的较高温度的烟气在余热锅炉中产生蒸汽，再以此蒸汽送入蒸汽轮机发电。燃气-蒸汽联合循环热电联产生产流程如图5-2所示。

在燃气-蒸汽联合循环热电联产系统中，以天然气为燃料，天然气与空气在燃烧室混合燃烧，产生的高温烟气进入燃机透平叶片中膨胀做功，带动发电机产生电力。推出的500~600℃次高温烟气进入余热锅沪中回收热量并产生蒸汽，蒸汽进入汽轮机膨胀做功再发出电力，余热锅炉产生的低压蒸汽、背压式汽轮机的背压蒸汽或抽凝式汽轮机中间抽出的低压蒸汽向外供热。

采用热电联产或联合循环发电的方式可合理的安排能源利用，在无需

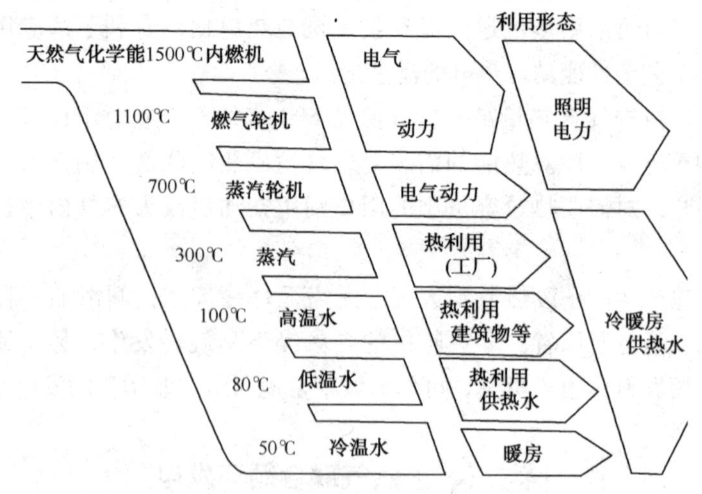

图 5-1　能量阶梯利用概念示意图

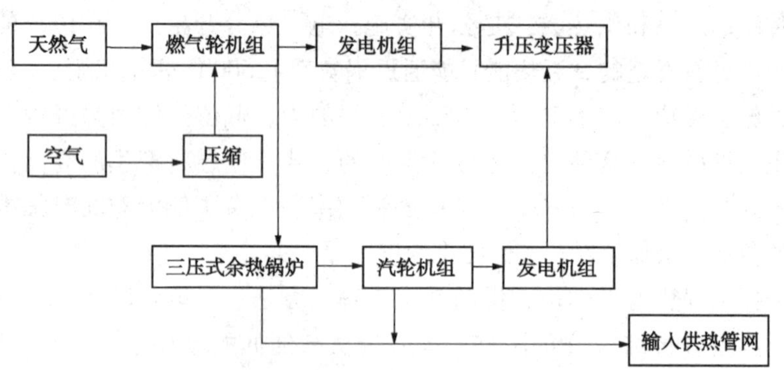

图 5-2　燃气-蒸汽联合循环热电联产生产流程图

对设备进行技术改进的情况相下，可以大幅度提高能源的综合利用效率和降低排放废物对环境的污染程度。联合循环发电和传统发电效率比较见表5-14。

表 5-14　传统分别发电、供热与联合循环发电、热电联产效率比较

能源利用形式	传统发电	传统供热	联合循环发电	热电联产
能源利用效率/%	35～42	70～75	50～58	电力 27～35，供热 40～45，总效率 70～80

四、天然气发电市场前景

（1）就世界范围来看，其前景十分广阔。在天然气资源丰富和供气可靠的国家，都在积极发展天然气发电，一些国家鼓励建设高效、节能、环境效益好的天然气电热联产装置。在融资上给予支持，税收上予以优惠，政策上予以扶持，使天然气发电得到进一步发展。20 世纪 80 年代以来，天然气的发电量占总发电量的比例不断上升。据专家预测，未来天然气消费增长中，约有 50%以上消费在电力市场，可以说电力部门将是未来天然气消费的巨大市场。

（2）在国内随着国民经济的持续快速发展，铁路运输和电力供给的瓶颈效应越来越突出，尽管国家采取了大量的措施及宏观政策予以调整，如西电东输，北煤南运，但仍未有效缓解华东、华南地区缺电的局面。近年来，国家大力开发东海、南疆油气田，投巨资从国外购买液化天然气，并在沿海建立液化天然气的存储设施。这些措施必将促进我国天然气发电行业的发展，预测今后 10~20 年，天然气发电在我国南方，特别是东南沿海城市将会得到快速的发展。

（3）天然气发电开停机比较方便，提高发电负荷速度快，作为调峰电源，今后在我国大中城市及用电负荷大且峰谷差大的地区一定会大力发展。如长江三角洲、珠江三角洲、香港、澳门地区等。

（4）2007 年 8 月国家发展改革委员会发布的"天然气利用政策"中规定，确保天然气优先用于城市燃气，促进天然气科学利用，有序发展；坚恃节约优先，允许在重要用电负荷中心且天然气供应充足的地区建设天然气调峰发电项目，禁止在大型煤炭地所在地区建设基本天然气发电项目。

第三节　天然气化工

天然气是一种重要的能源化工原料。据统计，天然气作为化工利用的比例较低，仅占天然气消费量的 10%~12%。究其原因，主要是天然气（干气）属于一碳原料，一次加工范围较窄，主要产品有合成氨、甲醇、乙炔、氰化物、甲烷氯化物、硝化物和二硫化碳等十几个品种，二次加工产品也十分有限。因此天然气的化工利用远不如石油那么宽。而且，天然气化工除合成氨、甲醇、醋酸等产品外，部分产品尚无法与石油化工产品竞争，更限制了天然气的化工利用。

我国的天然气化工利用，以合成氨、甲醇等化工用气为主，1999 年化工行业用气量约为 $103\times10^8m^3$，所占比例为 42%，2008 年，化工行业用气量增加到 $165\times10^8m^3$，但所占比例已降为 21%。随着天然气化工利用技术的进步和应用领域的拓展，化工领域天然气需求量也将增加，但增幅比例将有明显下降。

考虑到天然气资源的稀缺和价格承受能力较低等因素，2012年出台的天然气利用政策已限制或禁止新上合成氨和甲醇项目，近几年化工用气不会有大的发展；天然气是制氢的最佳原料，取代石脑油经济性较好；其他天然气化工利用新技术有待商业化。

目前国内在20×10^4t/a以上的大型合成氨装置占有比例仅为20%，小型企业能耗高、成本高、污染严重，将陆续淘汰，为保障农业生产用肥，还需要新建大型装置弥补能力的不足。根据各地现有和在建、规划的天然气化工项目，预测2015年用气需求为$368\times10^8m^3$，2020年为$383\times10^8m^3$。

一、天然气化工利用的发展趋势

1. 天然气作为化工原料仍以传统行业为主

目前大宗天然气化工产品只有合成氨与甲醇。在全球天然气消费结构中，化工用气比例基本保持在5%左右，天然气消费量大约为(1100~1600)$\times10^8m^3$；不同地区和国家，化工用气在天然气消费结构中的比例有所不同，美、英、德、加只有2%~6%，中国2008年约为21%，与前几年相比已有所下降。

世界上有50余个国家不同程度地发展了天然气化工，全球已实现了70%的合成氨及化肥、90%的甲醇、50%的氢气以天然气为原料来生产；天然气合成氨、甲醇大部分大型装置都集中在俄罗斯、中东等具有丰富的廉价天然气资源的国家，这些国家和地区也是全球氮肥出口的主要地区。

2. 传统天然气化工产业正在向天然气丰富和廉价的地区转移

以甲醇为例，北美在20世纪80年代，甲醇的产能占世界总产能的50%，到2006年只占世界产能的5%。在诸如特立尼达、中东等拥有廉价天然气的地区建立大型、高效的合成氨生产装置，使许多原料成本高的较老式装置关闭，这在美国和欧洲尤为突出。

产能的转移主要原因在于天然气价格的上涨。以美国为例，1998~2000年受需求的驱动，氨产能有所增加；2000~2006年，受天然气价格上涨影响，氨年生产能力从2000×10^4t降到1300×10^4t，下降了35%；氨产量从1800×10^4t降到1000×10^4t，减少了44%。这期间，氨生产厂家从原来的40家减少到25家，其中产能小于50×10^4t的低效、小规模企业关闭10家。关停厂大部分位于海湾地区，这些企业用进口氨在经济上更合适，美国氨进口量从2000年的390×10^4t快速增加到840×10^4t；进口主要来自特立尼达和多巴哥(占57%)。俄罗斯是富产天然气、生产成本低的国家。

3. 传统天气化工装置向大型和超大型化发展

20 世纪 80 年代中后期，甲醇装置规模在(30~60)$\times10^4$t 之间。进入 20 世纪 90 年代，丰富廉价的天然气产地新建装置的规模已经增长到 100$\times10^4$t。

最近几年，甲醇装置大型和超大型化的趋势更加明显，这些装置的产能在(100~200)$\times10^4$t。天然气制甲醇合成装置规模已达到 60$\times10^4$t，(120~150)$\times10^4$t 规模的装置正在设计或筹建。制氨装置规模也达到(10~20)$\times10^4$ m^3/h。

仍以美国为例，2000~2006 年，受本国天然气价格不断攀升的影响，美国氨生产厂家从原来的 40 家减少到 25 家，其中产能小于 50$\times10^4$t 的低效、小规模企业关闭了 10 家，而(50~100)$\times10^4$t 甚至更大规模的大型企业数量近几年基本没有变化。

4. 天然气化工发展更多取决于政治因素、能源安全、技术和经济性的考虑

在政治和经济背景双重作用下，国际上提升天然气化工利用的新方向是为 21 世纪全球能源和石油化工原料结构的转变做技术储备，提出了液体燃料、烯烃、芳烃和含氧有机化学品四个研究领域。

天然气制液体燃料(GTL)因技术成本较高，仍将是小规模内使用的技术，只有当特定的地理、技术和经济因素均适合当时才有用武之地。

天然气经甲醇(GTM)制烯烃(MTO/MTP)因成本问题，工业化进程缓慢，技术的可靠度、成熟度有待考评。天然气转化制芳烃技术目前还处于基础研究阶段。含氧有机化学品技术在较为成熟的基础上，更多着眼于生产成本的降低。

以合成氨、甲醇为代表的天然气化工产品在投资、成本、环保等方面显示出其他能源的不可竞争性，两种天然气化工产品将保持稳产发展，导致天然气化工在天然气消费结构中的份额相对稳定。

据预测，到 2030 年化工原料使用的天然气有望增长 20%，即达到(1300~1900)$\times10^8$ m^3。“IGU 专家观点”认为，氨的生产量与人口增长保持同步，预计 2030 年氨生产用天然气将增长 23%。在所有的甲醇消费量中，有三分之一用气生产甲基叔丁基醚(MTBE)以及生物柴油。对于生物柴油的生产，1L 原料菜籽油或麻风籽油需要搭配 3L 甲醇，因此随着生物柴油燃料的推广，天然气的需求量将出现上涨。

二、天然气合成氨

氨是最为重要的基础化工产品之一，其产量居各种化工产品的首位；同时也是能源消耗的大户，世界上大约有10%的能源用于生产合成氨。氨主要用于农业，合成氨是氮肥工业的基础。氨本身是重要的氮素肥料，其他氮素肥料也大多是先合成氨、再加工成尿素或各种铵盐肥料，这部分约占70%的比例，称之为“化肥氨”；同时氨也是重要的无机化学和有机化学工业基础原料，用于生产铵、胺、染料、炸药、制药、合成纤维、合成树脂的原料，这部分约占30%的比例，称之为工业氨。未来合成氨技术进展的主要趋势是“大型化、低能耗、结构调整、清洁生产、长周期运行”。

根据合成氨技术发展的情况分析，估计未来合成氨的基本生产原理将不会出现原则性的改变，其技术发展将会继续紧密围绕“降低生产成本、提高运行周期，改善经济性”的基本目标，进一步集中在“大型化、低能耗、结构调整、清洁生产、长周期运行”等方面进行技术的研究开发。

（1）大型化、集成化、自动化，形成经济规模的生产中心、低能耗与环境更友好将是未来合成氨装置的主流发展方向。

单系列合成氨装置生产能力将从2000t/d提高至4000～5000t/d；以天然气为原料制氨吨氨能耗已经接近了理论水平，今后难以有较大幅度的降低，但以油、煤为原料制氨，降低能耗还可以有所作为。

（2）以“油改气”和“油改煤”为核心的原料结构调整和以“多联产和再加工”为核心的产品结构调整，是合成氨装置“改善经济性、增强竞争力”的有效途径。

全球原油供应处于递减模式，正处于总递减曲线的中点。石油时代将逐步转入煤炭(气体)时代，原油的加工产品轻油、渣油的价格也将随之持续升高。目前以轻油和渣油为原料的制氨装置在市场经济的条件下，已经不具备生存的基础，以“油改气”和“油改煤”为核心的原料结构调整势在必行；借氮肥装置原料结构的调整之机，及时调整产品结构，联产氢气及多种C_1化工产品亦是装置改善经济性的有效途径。

（3）实施与环境友好的清洁生产是未来合成氨装置的必然和唯一的选择。生产过程中不生成或很少生成副产物、废物，实现或接近“零排放”的清洁生产技术将日趋成熟和不断完善。

（4）提高生产运转的可靠性，延长运行周期是未来合成氨装置“改善经济性、增强竞争力”的必要保证。有利于“提高装置生产运转率、延长运行周期”的技术，包括工艺优化技术、先进控制技术等将越来越受到重视。

三、天然气合成甲醇

甲醇是重要的有机原料，是 C_1 化学工业的基础产品，然而其自身价位较低，附加值不高。甲醇的深加工与工业应用是许多国家竞相开发的一个重要领域，且甲醇工业的发展在很大程度上取决于甲醇工业应用领域的开拓与深加工产品的开发。目前，甲醇供大于求的矛盾十分突出，随着甲醇应用领域的开发，甲醇制烯烃、甲醇燃料的技术进步及工业化突破以及醋酸、甲酸甲酯、碳酸二甲酯、二甲醚等下游产品不断开发，特别甲醇燃料电池的研究与开发及应用，将为甲醇工业提供巨大潜力，也将为我国中小合成氨企业走出困境，实现产品的多样化带来光明前景。

我国甲醇经多年的应用开发，现已广泛应用在化纤、塑料、有机合成等领域，它将对我国甲醇工业及甲醇技术的进步起到很大的推动作用。

为缓解能源危机问题，人们把寻找汽车代用燃料视为紧迫任务之一。经专家长期探索，目前认为最有希望的汽车代用燃料是甲醇，甲醇是现今唯一可以用煤及天然气等作原料的大规模生产的经济的液体燃料，生产工艺成熟，储存使用方便。甲醇燃料抗爆性好，辛烷值平均为100，远高于普通车用汽油，而且不易在汽缸内产生积炭。从甲醇掺烧汽油排放气体成分分析表明，排放气中CO，HC，NO_x 比汽油车排放气含量低，燃烧后废气含氮氧化物很少，对环境污染大大减少。同时，甲醇作为燃料的发动机技术是成熟的，为甲醇燃料的开发研究提供了保障。

四、天然气合成乙炔

在20世纪60年代以乙烯为主导的石油化学工业尚未获得迅速发展以前，乙炔曾有“有机合成工业之母”的美称。以乙炔为原料，可以合成 C_2 以上的任何有机化工产品。此后，虽因廉价乙烯及丙烯等的竞争而有所衰落，但乙炔化工仍占有一定地位，生产精细化学品成为新的发展方向。

众所周知，除作为有机合成原料外，乙炔还是具有重要用途的高热值燃料。

乙炔除使用天然气为原料生产外，还可用电石制备；此外，裂解制乙烯的装置也副产少量乙炔。

由于我国可持续发展的能源战略的制定，加之环境保护要求日益严格，发展绿色化工的呼声日益高涨。近年新疆、内蒙古等大气田的发现，为发展大规模天然气制乙炔奠定了基础。偏远地区天然气小气田数量较多，价格具有竞争优势。另外，与我国邻近的俄罗斯、中亚、中东、亚太四地区天然气资源丰富，是世界天然气的主要生产地和出口地，我国有可能部分利用这些地区的天然气资源。我国目前以天然气制乙炔主要是四川维尼纶厂的 3×10^4t/a 生产装置，与我国是世界乙炔生产大国很不相称，天然气制乙炔具有较大发展空间。

1. 天然气制乙炔发展具有很好的基础

依靠中国具有的充足资源保障，结合中国科学院、大专院校、地方化工研究院等研发实力，利用四川维尼纶厂生产企业的技术经验，形成国内初具规模的天然气制乙炔研发和产业化团队。

天然气部分氧化制乙炔是当今世界采用最多的成熟工艺，同样的技术自四川维尼纶厂从 BASF 公司引进后已稳定运行 20 多年，早以消化并掌握。四川维尼纶厂引进西德专利，采用多管烧咀板，淬火冷却，加上比较完整的自动连锁装置，乙炔提浓分离后的尾气用于合成甲醇，乙炔生产成本低于电石乙炔，为综合利用天然气开辟了道路。我国长春应用化学研究所及化工部西南化工研究所曾对天然气加氢热裂解法作过探索性试验，并取得较好结果；中科院成都有机化学研究所的“等离子体法天然气裂解制乙炔150W 中间试验技术总结”介绍，乙炔的电耗可降至 44. 4MJ/kg，喷嘴热效率和寿命已接近国外大型装置水平。

目前，值得关注的是中国科学院金属研究所的“微波催化天然气直接转化和装置放大关键技术研究”。此项研究在微波催化天然气生产乙烯乙炔关键技术方面取得重大突破，并通过科技部组织的专家组的验收，利用新工艺，碳二烃的单程产出率最高可达七成以上，国外最高不到三成。同时，能在常压和高压条件下，用等离子体直接转化天然气制乙烯乙炔。更重要的是该工艺产物纯净、易分离，产物中乙烯乙炔比例可以通过工艺参数调整，为进一步利用乙烯乙炔合成下游产品创造了条件，具有很好的工业应用前景。

2. 因地制宜地发展天然气制乙炔的下游产品

随着石油资源的日益枯竭，价格不断上涨，石油化工产品价格居高不下，为天然气制乙炔化工下游产品创造了比较大的利润空间。而世界天然气量开采逐年增多，各国已竞相开发利用天然气，乙炔曾被称作有机之母，过去那种“重烯轻炔”的现象必将随着资源的转化而改变。同时乙烯的建设需要在有石油资源及巨资的条件下，而我国有些地区如四川等地就没有建乙烯的条件，这些地区具有天然气资源，因此在这些地区应积极发展乙炔化工。我国乙炔特殊化学品及衍生物的研究和生产还处在初级阶段，发展乙炔化工将具有现实和深远意义。

第六章

天然气利用的不确定分析

天然气利用的过程，贯穿了人们对自然的种种认识和改造活动。客观事物是确定的还是不确定的？这是一个自古以来一直有争论和探讨的科学与哲学问题。由牛顿开创的近代科学，描绘了一套完全决定论的宇宙图景，认为不确定性只是人们无知的表现。这种确定性世界观主宰了西方科学与学术界几百年。进入20世纪，特别是60年代以来，随着科学技术与社会的发展进步，无论在宏观或微观领域，人们的认识更加深化。完全确定性的世界图景受到越来越强烈的质疑和批判，人们纷纷从科学、哲学或一般的文化、社会生活视角提出疑问：如果世界是完全确定的，那么自然界和人类社会随处可见的多样性、奇异性、演化性从何而来？人的自由抉择、能动性、创造性又从何而来？事实上，如同辩证唯物主义所坚持的“必然性与偶然性的对立统一”一样，确定性与不确定性也应该是对立统一的关系。即是说事物的发展既有确定性的一面，必有必然和规律；也有不确定的一面，呈现随机与偶然状态。这样的世界才既是有序又是丰富多彩、生动活泼而不是凝固与刻板的。上述概念才比较本质地揭示了事物发展的趋势。再进一步分析，所谓确定性是指客观事物联系和发展的合乎规律的、必然遵循的趋势，是在一定的条件下的不可避免性和肯定性；不确定性则与之相反，是指事物发展的必然过程中呈现出来的某种摇摆、偏离，是可以这样出现也可以那样出现的偶然的趋势。

两者的关系是对立统一的关系，它们之间的统一首先表现在两者总是互相联系、互相依存的，没有纯粹的确定性，也没有纯粹的不确定性；其次表现在两者能够在一定的条件下相互过渡、相互转换。人们对于确定性相对较易认识和接受，而对不确定性往往没有足够的重视。随着时代的发展，现在对不确定性的研究比较地多起来了。尤其在信息与知识经济时代，“不确定性几乎渗透我们的行动和思想，它构成了我们的世界”。

对于天然气利用来说，不论是用户需求还是天然气利用的各个环节，都存在不确定性。

第一节　用户需求的不确定性

天然气用户的用气工况规律是不均匀的，它是随着月、日、时而变化，具有不确定性。特别是天然气的城镇燃气部分，波动性更强。

用气不均匀性可分为三种：月不均匀性（或季节不均匀性）、日不均匀性和时不均匀性。

用气不均匀性由于受气候条件、居民生活水平、工业企业的工作班次、建筑物和车间内用气设备情况等因素的影响，因此很难由计算得出，只有在历年积累资料的基础上经过统计、分析、整理得出。

一、月用气工况

影响居民生活月用气不均匀性的主要因素是气候条件。气温降低则用气量增大，气温升高则用气量减少。冬季用气量最大，夏季用气量则最小。表6-1列出了上海、北京等四个城市的居民用气月不均匀系数。

表6-1　几个城市的居民用气月不均匀系数

月　份	香　港	上　海	北　京	哈尔滨
1	1.16	1.12	1.05	1.10
2	1.05	1.32	1.03	1.03
3	1.10	1.12	0.93	1.02
4	0.98	1.03	0.99	0.97
5	0.99	0.97	1.03	0.95
6	0.89	0.91	0.94	0.94
7	0.86	0.91	0.88	0.93
8	0.86	0.91	0.91	0.94
9	0.90	0.91	1.01	0.97
10	0.98	0.92	1.01	1.02
11	1.04	0.91	1.07	1.05
12	1.23	0.93	1.15	1.08

公共建筑用气的月不均匀性与居民生活用气的不均匀规律基本相似。

工业企业用气月不均匀性主要取决于生产工艺的性质，连续生产的大工业企业以及工业炉窑用气比较均匀。夏季由于气温较高，工业用户的用气量会有所下降，但幅度不会太大，故可视为均匀供气。

建筑物采暖月用气量占年采暖用气量百分比可按下式计算：

$$Q_m = \frac{(t_1 - t_2)\ n_1}{\sum (t_1 - t_2)\ n_2} \times 100\% \tag{6-1}$$

式中 Q_m——采暖月用气量占年采暖用气量百分比,%；

t_1——室内采暖计算温度,℃；

t_2——该月室外平均气温,℃；

n_1——月数，d；

n_2——采暖期各月的采暖天数，d 。

一年中各月的用气不均匀性用月不均匀系数表示。因每月天数在 28~31 天内变化，故月不均匀系数 K_1 值按下式计算：

$$K_1 = \frac{\text{该月平均日用气量}}{\text{全年平均日用气量}} \tag{6-2}$$

在一年 12 个月中平均日用气量最大的月也是月不均匀系数最大的月，称为计算月。并将最大月不均匀系数 $K_{1,max}$ 称为月高峰系数。

二、日用气工况

日用气不均匀性和月不均匀性相似，也是由居民生活水平、工业企业的生产班次和设备开放时间、室外气温变化等因素决定。

居民生活和公共建筑曰用气工况主要取决于居民生活水平，平时与节假日用气的规律不同。

根据我国部分城市用气的统计资料显示，在一周中用气工况有所不同，周一全周五用气量平稳，变化不大，而周六周日用气量有较大幅度的增加。在节假日用气量也有规律性，节日前和节假日用气量较大，春节前几天居民的用气量最大，高达平日用气量的 3~5 倍。城市居民用气量的日不均匀系数见表 6-2。

表 6-2 城市居民用气量的日不均匀系数

星期	一	二	三	四	五	六	日
日不均匀系数	0.835	0.876	1.023	0.876	1.067	1.163	1.182
日不均匀系数(香港)	1.002	0.994	0.998	0.986	1.007	1.025	1.012

工业企业用气量波动较小，一般按均衡用气量考虑。采暖期间，采暖用气的日不均匀性变化不大。一般用日不均匀系数表示一个月或一周中的日用气量的不均匀性。日不均匀系数 K_2 值按下式计算：

$$K_2 = \frac{\text{该月中某日用气量}}{\text{该月平均日用气量}} \tag{6-3}$$

该月中最大日不均匀系数 $K_{2,\max}$ 称为该月的日高峰系数。

三、小时用气工况

城市天然气小时用气工况的不均匀性主要是由居民生活及公共建筑用气不均匀性造成的。居民生活用户每日小时用气工况有早、午、晚三个用气高峰，其中早高峰最低。采暖期间建筑物为连续采暖时，其小时用气量波动小，可按均匀供气考虑。工业企业生产用气量为均匀供气。

一般城市的小时不均匀系数见表 6-3。

表 6-3　一般城市的小时不均匀系数

时间	居民住宅及公共建筑	工业企业	时间	居民住宅及公共建筑	工业企业	时间	居民住宅及公共建筑	工业企业
1~2	0.31	0.64	9~10	1.57	1.57	17~18	2.3	1.33
2~3	0.40	0.54	10~11	2.17	0.93	18~19	1.46	1.17
3~4	0.24	0.71	11~12	2.46	1.16	19~20	0.82	1.08
4~5	0.39	0.77	12~13	0.98	1.21	20~21	0.51	1.04
5~6	1.04	0.60	13~14	0.67	1.27	21~22	0.36	1.16
6~7	1.17	1.17	14~15	0.55	1.33	22~23	0.31	0.57
7~8	1.25	1.15	15~16	0.97	1.26	23~24	0.24	0.66
8~9	1.24	1.31	16~17	1.7	1.31	24~1	0.32	0.47

小时不均匀系数表示一日中小时用气量的不均匀性。小时不均匀系数 K_3 值按下式计算：

$$K_3 = \frac{\text{该日某小时用气量}}{\text{该日平均小时用气量}} \tag{6-4}$$

该日最大小时不均匀系数 $K_{3,\max}$ 称为该日的小时高峰系数。

第二节　利用环节的不确定性

天然气在利用的各环节上都充满不确定性。首先是资源量的不确定性，由于地质状况的不确定因素多，使得地质家对于天然气资源有无和多少的预测存在很大的风险。其次是经济和政治的不确定性。由于天然气价格、税收制度、产业政策、国际政治的变化，天然气工业会受到极大的影响。最后是自然灾害的不确定性。特别是天然气的生产和储运安全风险比石油的风险更大。天然气是一种对储运技术要求更高的气体燃料，储运设施建设对天然气的利用至关重要。

一、上游资源的不确定性

天然气勘探开发具有高投资、高风险、长周期和作业危害等特点，是一个十分复杂的工程，所包含的不确定因素多而复杂，贯穿于天然气勘探开发的始终。

天然气勘探的对象是地下资源，因此不确定因素繁多，勘探活动所存在的大量不确定因素使得勘探具有很高的风险性。勘探阶段的不确定性主要有储量的不确定和勘探节奏的不确定。储量不确定性的影响因素主要有地质因素、储量落实程度和资源量转化率；勘探节奏的不确定性因素主要包括勘探困难度、勘探技术、勘探投资、储量发现速度和储量替换率等。

资源量转化率是指将没有商业价值的资源量转化为有商业价值的可采储量的速度，其转化将取决于促进地质条件复杂或环境敏感地区的资源勘探速度、降低开发成本，提高采收率的技术进步以及销售价格的提高。

勘探节奏不确定性中，天然气勘探技术风险是在勘探过程中，由于技术因素的变化导致项目损益产生变化。在项目的执行过程中，采用的工程技术的先进性、可靠性以及管理技术同事先制定的方案相比发生重大变化，可能而导致生产能力降低。技术之间既相互独立又相互影响，先进技术的成功应用可以提高勘探效益，技术方法应用不当则会导致风险事故，影响勘探进程。

天然气开发阶段的不确定性分为以下三个方面：

（1）开发风险。探明储量、累计采出量、储量落实程度、储量动用程度、产能建设周期、采气速度、稳产期末动用地质储量采出程度、递减率以及采收率等。

（2）产能建设。产能建设困难程度、钻井技术水平、储层评价技术以及产能建设速度等。

（3）生产风险。开发困难度、难动用储量比例、开发技术落后程度以及产量构成等。

二、中游管输风险

1. 输气能力风险

天然气输配市场主体包括天然气长输管道、区域管网、城市管网的建设和运营企业。长输管线的特点是：跨省区，输气距离较长；独家垄断经营，石油公司既拥有气源或气田，又拥有自己的输气管线，既从上游直接开发或购买气源，又直接与下游用户签署供气合同，实行气源开采(采购)、输配、销售一条龙的垄断经营；输气能力强大，市场空间广阔。在天然气管道铺设与输气的过程中，不同地域的管道有不同的特性，管道输气的不同阶段也有不同的风险。

天然气管道运输事故主要有四个方面的原因，在设计和施工环节可能造成管道的设计施工缺陷；输送过程引起的管道内外腐蚀；由操作运行和设备故障引起的管输介质超压；由管道沿线的居民和企业引起的第三方破坏。这四个因素是引起管输事故的主要因素，管输事故在不同程度上会引发人身安全以及财产、环境和信誉的损失。

管道设计指标包括管道安全系数、系统安全系数、管道水击可能性、系统水压实验和土体移动。

管道内外腐蚀主要考察的是大气腐蚀、内腐蚀和埋地金属腐蚀。管道设施、大气条件、涂层检查均是影响大气腐蚀的指标。内腐蚀考察输送介质腐蚀性能和内涂层保护。埋地金属腐蚀考虑的因素较多，主要有阴极保护、涂层状况、土壤腐蚀性、管道系统年龄、其他金属、交流干扰电流、机械腐蚀、测试接线头、是否定期观察以及内检查工具的使用情况等。

日常操作和管道设备故障也是影响管道安全的重要方面。在管道的设计阶段、在危险识别、潜在的最大允许操作压力、设计安全系统、设计材料的选择、设计的检查上容易形成误操作；在施工阶段，材料筛选、检验、连接管道、回填处理、涂层补口方面容易产生误操作；在运行阶段，工作人员是否按规程运行，药物测试是否合格，机械防护器的运行、安全措施的检查都是重要的考核指标。

第三方破坏也是管道风险的重要影响因素。第三方破坏需要考察覆土的最小厚度、地面活动程度、地面设施、公众热线电话、公众教育程度、管道路权状况以及巡线频率等指标。

2. 长输管道调峰和储气库调峰

无论是工业发电用气还是居民用气，都呈现出不均匀的用气规律，但气源的供应量却不完全随用气量的变化而变化。为保证供气的连续性以及供气与用户间的平衡性，最有效的手段是天然气调峰技术。

对于长距离输气管道的末端，在设计时要根据通常日用气量的波动情况赋予一定的储存能力，借以进行负荷调节；而对于没有中间压气站的输气管道，全线都可以进行天然气的储存。当管道的终点压力在一定范围内波动时，管内气体的平均压力也相应有一个最高值和最低值。如果适当选择一个储气管道的始、终点压力波动范围和管段容积，即可使管道具备所需要的储存能力。输入储气管段的气量是一个稳定值，但其输出气量则受日用气负荷规律的支配，输出量小于输入量时为储存过程，输出量大于输入量时则为管道储存气量的消耗过程。输气管道调峰技术指标主要有管道储存能力、管道容积、标准状态下的压力、标准状态下的温度、管段最高平均压力、管段最低平均压力以及气体压缩因子。

天然气管网最理想的状态是各瞬时天然气的供需均达到平衡状态，并且任一瞬时的用气量都是均匀的，供需量是一条直线，不随时间的变化而变化。在这种情况下不需要任何的储气设施，管网的利用率最高。但在实际中，冬季的采暖负荷已经大大增加了用气的季节性差异。不同类型用户，例如住宅区、小型与大型商业区、大中小型工业区等的用气量都有很大差别，而且不同区域用气量也不尽相同。工业用户主要进行产品加工，受气温变化影响小；而对于住宅类型的用气量，季节用气量变化较大。地下储气库是比较理想的季节调峰手段，它能采取有效的季节调峰措施改善管网的运行状态，尽量减少用于季节调峰的储气量。在预测了城市用气负荷后，通过绘制年度天然气需求量曲线，以天然气干线输气管道向城市定量输气值为基准线，确定季节性用气量不平衡的摇摆幅度，低于或高于输气管道供气量的份额即为储气库的调峰注采气量。在城市天然气用气量低于输气系统供气量的情况下，利用压缩机将赋予的天然气加压，并通过燃气分配系统将其储存在高压地下储气井中；反之，则将地下储气井中储存的高压天然气采出来，压降后进入城市燃气系统管网中，以此来平衡和稳定供气量与城市天然气高峰用气量的差额。此外，为保证供气的安全性和可靠性，还必须考虑突发事故的发生，例如设备大修、系统故障、突增大型新用户等，要建立突发事故应急储备气量。储气库是一个临时气源，对采出的气体必须及时补充，一般是在冬季采气结束后向储气库中注气，实际上只要供应量大于需求量，就可以向储气库中注气。

三、下游市场风险

1. 天然气市场需求风险

影响天然气市场需求的因素主要有地区的经济发展状况、人文地理环境和地区能源资源状况等。天然气最主要的需求来自民(商)用气和工业用气。

民(商)用气需考虑的因素有：替代能源的供求状况及其价格，替代能源供不应求、价格较高，居民会考虑天然气作为主要能源；环境状况及地方政府的环保意识与环保政策，环境条件恶略，环保意识强，政策倾斜环保，居民对天然气的需求愿望会变得强烈；居民可支配收入状况及天然气价格承受能力，居民可支配收入越高，对生活质量要求越高，越容易选择清洁能源；民(商)用天然气不同时期的普及率，随着人民对天然气接受程度的提高，天然气的普及率也随之提高；地方政府的民(商)用能源规划及其对天然气的接受程度，地方政府对天然气认知程度高，就更加注重天然气的使用规划；城镇地理位置及人口规模，人口规模小，天然气需求小，开发规模过小的城镇居民用气是不经济的。

工业用天然气的用途广泛，作原料的主要有化工、化肥行业，作燃料的主要有冶金、机械、食品等行业。影响工业用天然气需求的主要因素有替代能源的供求状况及其价格，工业用天然气的主要替代能源是煤炭、电力和燃油；环境状况及地方政府的环保意识和环保政策，环保意识强的政府会对天然气的使用量做出相应的规划；工业企业的数量、规模、地理环境、效益状况及其转化成本，一般工业企业数量越多，企业规模越大，天然气的需求量也就越大；地方政府的用气项目多，注重天然气利用规划，天然气的需求量越大；经济增长状况，经济增长越快，工业用天然气需求越大。

2. 天然气供应竞争风险

天然气迅速发展的关键因素是它在能源市场上的竞争力以及政府制定的环境政策和法规。天然气的主要替代能源是煤、电和石油。煤作为燃料的优势是其价格低，虽然它对环境污染很大，但通过脱除硫氧化物设施和除尘设施可达到环保要求。随着经济的发展和人民物质生活水平的提高，工业、农业和民用用电量在迅速增长，电力市场也在迅速扩大。天然气市场提供天然气的输、供、配系统需要大量的资金投入，天然气价格也是政府定价，但天然气在利用效率和环境方面具有明显的优势。政府通过定价、税收、科研投入、政府采购等措施也对天然气发的发展起到了重大的促进作用。

四、其他相关风险

1. 生态环境风险

生态环境风险是指在天然气的勘探过程中，对于勘探区域的生态环境可能造成的不确定性影响。天然气勘探过程中会产生许多污染源，如人工地震产生的噪声，钻井产生的废弃泥浆、钻井废水，井下作业产生的废水和废弃，都会对勘探、水质、大气质量、土壤、植被和野生动物等产生一定的不利影响。有些污染源容易被发现，进而可以有针对性地进行预防和治理。然而某些因素，如勘探过程中人为因素或自然灾害造成的事故(如井喷、井下作业和管输中的泄漏等)往往难以预料，产生的危害具有一定的风险性，难以防范。

2. 自然灾害风险

自然灾害风险是指由于地震、洪水、风暴等自然因素的不确定导致勘探费用的增加、项目进度的延迟以及工程设计的修改，从而给天然气勘探项目投资带来的种种风险。例如，地震会破坏地下的地质结构，造成油气藏破坏或者油气的重新聚集；特别是对于海洋油气勘探，遭受诸如海冰、地震、海雾、海啸、台风等自然灾害的可能性极大。例如 1979 年和 1983 年，巨浪摧毁了“渤海 2 号”、没过“爪哇海”钻井平台；1980 年飓风“艾伦”连续摧毁了墨西哥湾的四座海洋平台。随着油气勘探向深海、沙漠等自然条件恶劣的地方进军，勘探项目必将遭受更多、更严峻的自然风险影响。

3. 其他风险

天然气产业链的相关风险还有社会环境风险，主要是社会不稳定造成的对天然气市场的影响；政策法律法规风险，法律法规的改变、金融环境的变更都会对天然气产业造成积极或消极的影响；企业组织管理风险也是非常重要的风险之一，团队的经验、员工的能力都是重要的影响因素。

第三节　天然气的价格

价格是影响大然气市场规模的重要因素，不同的天然气利用领域对价格承受能力也不同。价格波动将直接导致利用量的变化，而利用量的下降将导致管输量下降，从而影响管输企业经济效益，甚至影响管道正常运营。利用量的变化还会导致生产量的变化，天然气终端市场价格的变化会使井口价格发生波动，影响上游企业经济效益，进而影响上游勘探、开发进度。

在价格形成的因素中，天然气的价格具有比较丰富的内涵。

第一，作为能源品类，天然气具有与石油和煤炭相同的因不可再生性而形成的资源“耗竭属性”。理论界认为，这是油气等化石能源强大的金融属性的根本来源。

第二，天然气受制于管道运输，在能源的最终抵达能力方面，其“可获得性”的风险，又远远高于石油和煤炭“可获得性”的风险。尤其在跨国和跨区域长距离运输中，不仅资源国具有资源定价的话语权，对于管道过境国和区域来说，“管道输送权”同时意味着管输费运的定价权，以及意味着对该资源能够安全连续稳定地抵达目的地的某种绝对影响力。

第三，与石油资源类似，天然气资源在全球的分布与需求也呈现相对“逆向”。因此，相对单一的资源供应方，与相对分散的资源需求方之间，必然形成长期的、动态的甚至激烈的经济“博弈”。

第四，由于液化天然气(LNG)技术以及非常规气体能源的开发，虽能有效提高天然气能源的总供给能力，但也必然导致天然气资源经济性比较优势的部分的丧失。长期来看，这些“能源革命”的最终经济性成本还是由能源产业链条上最低端的广大消费者来承担的。事实上，在一个化石能源仍然长期牢牢把握一次资源主体消费地位的经济世界里，每一次因短期技术革命而最终导致长期的能源品价格大幅度上涨的过程，从“价格是财富分配最有力的手段”这一论断出发，可见能源资本所形成利益集团对于能源价格的最终形成的话语权计几乎是“天然的”。而天然气这种产业链条较长而且具有资本密集型特征的能源产业中，能源资本在价格形成机制运行中施加话语权影响的“合理边界”，也是模糊的。

第五，也就是最重要一点，能源市场价格的形成，最终取决于有效供应和有效供给动态“博弈”的结果。在可替代能源有效供给影响下，资源的总供应能力，最终决定了能源的价格。在天然气方面，由于在人类的工业史上，天然气长期处于“替代”和“被替代”的双重角色中。仅就目前而言，能源结构实现“气化”的国家或区域，仍为数不多，多是天然气储量丰富、开放利用历史悠久的产地国，或者对液化天然气(LNG)的昂贵经济经济性成本具有有较高的支付能力的地区；而非一个相对普遍的、自然发育而成的自在自为的市场状态。这就决定了天然气的终端用户价格具有与其他能源迥然不同的分散性，以及对产业链上中游巨大资本成本和“抵达”风险的分散性的属性。因此，天然气具有更为强烈和鲜明的保险型金融属性。对于经济发展水平、消费者个体支配能力相对有限的国家和地区来说，天然气能源的价格水平，显然是不适当的，或者不可连续的。

天然气具有高热值及低碳环保的优势。从生产、运输到消费的全过程中，由于天然气不易储存，也不易运输，因此，天然气工业发展的全过程不仅仅是工业化力量驱动之下基于经济性和便利性的简单能源替代或技术革新，更贯穿了供需双方对天然气能源价值、运输服务的价值确定以及定价方法选择等的充满不确定性和各种挑战的全过程。高度的资本密集特征，使得天然气的价格具有多重属性和复杂性。

天然气产业链实现协调、均衡以及可持续的发展十分重要。从经济后果而言，这种协调和动态均衡，是一个上游资源方、中游管道或设施输运方以及下游终端消费用户三者之间共同承担和分摊风险的动态机制的形成过程。我国天然气在一次能源中所占比例较小，相关行业起步较晚且处于培育期，市场竞争力较弱。目前世界天然气市场并没有形成全球统一的定价市场。而各个区域市场的天然气定价机制，以及国际天然气市场价格的影响，对我国天然气在定价基准和定价水平方面，势必形成较大影响，充满了不确定性。

我国长期实施以“政府定价”方式为主的价格形成机制，目前天然气定价机制为成本加成定价法。海上天然气价格由供需双方协商确定；陆上天然气出厂价和天然气管输价格均由国家发改委制定；城市燃气价格由省级物价部门制定；地方建设的管道经国务院价格主管部门授权，集输价格可以由省级物价部门制定。其中井口价格有两种，如表 6-4 所示，政府计划内生产的天然气实行国家定价，自销天然气在政府指导下定价。天然气零售价格由省级价格主管部门决定。这种定价方式存在的最大问题在于价格数年不变，无法反映下游市场不断变化的情况，导致天然气开发利用进展缓慢。

价值是价格的基础，价格反映着商品价值。但国家借助价格手段对天然气市场进行管理，却没有遵循这个基本原则，即商品在市场定价中所表现出来的供给和需求决定价格和产量的机制，导致的后果就是天然气定价机制与天然气产业的市场化运行脱节。天然气生产企业既需要按市场价格购入相关生产资料，又必须按照国家制定的价格进行天然气的销售，没有体现出按供给和需求决定价格的基本原理。在市场经济下，作为一种能源产品，天然气必然与其他能源商品竞争，天然气价格的形成也必须遵循供求关系与均衡价格规律。有研究认为，我国出现“气荒”的根本原因是天然气价格体制的不合理。天然气价格改革的最终目标是完全放开气源价格，政府只监管具有自然垄断性质的管道运输价格和配气价格。我国天然气产业还未发展到成熟阶段，天然气市场结构短期内不会改变，价格管制也不会解除。为了理顺天然气价格，促进天然气价值链的升级，我国天然气价格体制的改革主要集中在管制方式上的改革上。随着天然气产业的发展，国家对天然气价格进行了多次调整。见表 6-4。

表 6-4　我国现行天然气定价体系及价值来源表

定价类别	定价方法	定价说明	定价来源
井口气价	采取基准价加浮动幅度的政府指导形式。	基准价格由政府核定，具体核算价格由供应商在中准价上下 10%范围内浮动制定	补偿生产成本
管道运价	实行政府定价：属管制价格，其制定原则为为成本及利润原则，保证不低于 12%的内部收益率	在确定出厂价和管输价格是，采取“一线一价”的价格管理方式，及对每条管线，国家除制定该管线管输价格外，还要制定适用于该管线的出厂价格	补偿天然气管道运输建设成本及合理赢利，兼顾销售促进
终端销售价格	自然垄断行业，参照公用事业定价方法	由省级物价部门制定	包括天然气出厂价，城市门站气价、居民户到户价格、管网设施建设费及天然气售后服务价格

资料来源：邓郁松，2008；崔民选：《中国能源发展报告 2010》，社会科学文献出版社，2011.

从生产流程看，在整个天然气产业链上，天然气价格体现为三个部分，即井口价格、管输价格（城市门站价）和终端市场价格。

1987 年前，完全由政府制定国内天然气价格。

1987 年 10 月 27 日发布《天然气商品量管理暂行办法》，对于计划气，中央政府按不同用途、不同油田定价；对于计划外气和西气东输、忠武线、陕京线等新建管道项目，政府指导定价；少数采用协议价。

2005 年 12 月 23 日发布《关于改革天然气出厂价格形成机制及近期适当提高天然气出厂价格的通知》，对于一档气（实际执行价格接近计划内气价且差距不大的油田气的气量以及全部计划内气量，气量占全部的 85%）实行政府指导价，用 3~5 年过渡到与可替代能源价格挂钩；对于二档气（一档气以外）以 980 元为基准价，与可替代能源（原油、LPG、煤）价格挂钩。

2010 年 5 月 30 日发布《国家发改委关于提高国产陆上天然气出厂基准价格的通知》，各油气田（含西气东输、忠武线、陕京线、川气东送）出厂（或首站）基准价格每千立方米均提高 230 元。同时将大港、辽河和中原三个油气田一、二档出厂基准价格加权并轨，取消价格“双轨制”。国产陆上天然气一、二档气价并轨后，出厂基准价格允许浮动的幅度统一改为上浮

10%，下浮不限。

2011 年 12 月 26 日发布《国家发展改革委关于在广东省、广西自治区开展天然气价格形成机制改革试点的通知》，选取上海市场(中心市场)作为计价基准点，以进口燃料油和液化石油气(LPG)作为可替代能源品种，并分别按照 60%和 40%权重加权计算等热值的可替代能源价格，然后，按照 0.9 的折价系数，即把中心市场门站价格确定为等热值可替代能源价格的 90%。

2013 年 6 月 28 日发布《国家发展改革委关于调整天然气价格的通知》，天然气价格管理由出厂环节调整为门站环节，门站价格为政府指导价，实行最高上限价格管理。区分存量气和增量气，增量气一步按“两广试点方案”调整到位，存量气逐步调整。

2015 年 2 月 28 日，国家发展改革委发出通知，4 月 1 日起，中国天然气价格正式并轨。各省增量气最高门站价格每立方米下降 0.44 元，存量气最高门站价格每立方米上调 0.04 元。

对天然气产业链的发展而言，上游资源是基础。在天然气市场成长阶段初期，要有好的、有保障的资源，这样才能降低成本，提高竞争力。不可否认，我国拥有较丰富的天然气资源。但我国陆上天然气资源以陆相沉积构造居多，储量分散，单井产量低，自然稳产期短，多数是中小型气田。加之探明程度较低，与世界平均水平相差很多，因而大规模开发利用天然气有不确定性。价格并轨只是中国天然气价格改革中的重要一步，实现市场竞争定价的最终目标还任重道远。在国际原油价格大幅下跌和中国经济新常态的背景下，应正确评估天然气价格改革成果，理性面对存在的问题，制定符合天然气市场发展和经济规律的深化改革顶层设计和实施路径，确保中国天然气产业和天然气市场的持续健康发展。

同时，我国与国际间天然气质量及资源量的概念存在差异，国际上通常用热值来定价，如百万英热单位(M BTU) 或 kW · h，而我国用体积单位(m^3) 来定价，缺少质量定义是引起争议和其他问题的隐患；我国资源量测算方面对近、中期之间所能达到的勘探开发水平注意不够，其中包括了相当大数量在近 20~ 30 年内无法被探明和利用的气田，且资源量是指原地蕴藏量，而不是可采出到地面上的数量，而国际上的资源量是指在近、中期的科技水平和价格下可以被探明的资源，探明地质储量是指能获得经济效益的可采储量。这些都对资源的有效保障造成了不确定性。

第七章

实例分析

第一节　天然气资源基础

根据国土资源部 2014 年 1 月 8 日研究显示，国内天然气地质资源储量达到 $60\times10^{12}m^3$，与 2007 年相比增加了 77%。2013 年全国天然气新增探明地质储量 $6164.33\times10^8m^3$，已连续三年每年超过 $6000\times10^8m^3$，新增探明技术可采储量 $3818.56\times10^8m^3$。天然气产量从 2000 年的 $270\times10^8m^3$ 到 2014 年的 $1900\times10^8m^3$，占一次能源消费的比重上升至 5.9%。我国已经是继美国和俄罗斯之后的世界第三大天然气消费国。

我国西部地区是指陕西、甘肃、青海、宁夏、新疆、四川、重庆、云南、贵州、西藏、内蒙古、广西等 12 个省、自治区、直辖市，面积达 $638\times10^4km^2$，占全国总面积的 71%，人口达 3.2 亿，占全国总人口的 28.4%。西部地区交通不便、开发程度低、经济也相对落后，人均国民总产值只有全国平均水平的一半左右。可是，西部地区具有丰富的资源。其中天然气资源丰富，天然气储量占全国的三分之二。开发利用西部天然气资源在区域经济增长中占据非常重要的地位。而且西部地区天然气资源密集度高，开发潜力大，是我国国民经济长远发展的后备基地。如表 7-1 所示，我国四大气区(鄂尔多斯盆地、柴达木盆地、塔里木盆地、川渝盆地)均在西部地区。

以鄂尔多斯盆地为例，面积 $37\times10^4km^2$，是个“半盆油、满盆气”的国家重要能源接替区。在天然气勘探方面具有 3 个明显的特征：一是含气层系多，自下而上奥陶系、石炭系、二叠系、三叠系、侏罗系均见到工业气层。

目前已发现的气藏主要在奥陶系马家沟组、二叠系山西组及下石盒子组。二是天然气类型多，除常规天然气外，还有油田伴生气、煤层甲烷气和生物气。三是主要以岩性气藏为主，储层渗透率低、非均质性强。

表 7-1　2012 年中国天然气资源主要分布地区

地　　区	资源储量/($10^{12}m^3$)	全国占有量/%
内蒙古	0.83	18.86
四川	0.94	21.36
陕西	0.64	14.54
新疆	0.93	21.14
黑龙江	0.14	3.18
重庆	0.19	4.32
青海	0.13	2.95
海域	0.32	7.27
合计	4.12	93.62

鄂尔多斯盆地天然气资源具有类型多、分布面积广、资源潜力大、储量规模大等特点。天然气显示十分普遍，具有平面上广布性和纵向上多层性特征。年探明地质储量在未来 20 年内总体上呈现先快速上升后缓慢下降趋势，累计探明天然气地质储量约为 $13\times10^{12}m^3$；天然气产量在未来 20 年内呈现快速增长趋势，年均产量约为 $1640\times10^8m^3$。如图 7-1 所示。未来 20 年鄂尔多斯盆地天然气产量将占全国天然气总产量的 20%以上，随着非常规天然气资源的成功勘探与开发，鄂尔多斯盆地对我国油气资源的供应能力将逐步增大，天然气勘探开发具有广阔的前景。

根据天然气的赋存状态和储层性质，可将鄂尔多斯盆地赋存天然气划分为常规天然气、煤层甲烷气、油田伴生气、生物甲烷气等 4 种主要类型。

一、常规天然气

常规天然气主要分布在鄂尔多斯盆地上古生界碎屑岩和下古生界碳酸盐岩之中，具有上、下古生界复合含气的特征。上古生界成藏条件非常优越，“广覆式”的生烃中心与大面积的三角洲砂体奠定了上古生界大型气藏形成的基本条件。上古生界石炭系-二叠系煤系烃源岩“广覆式”生烃为天然

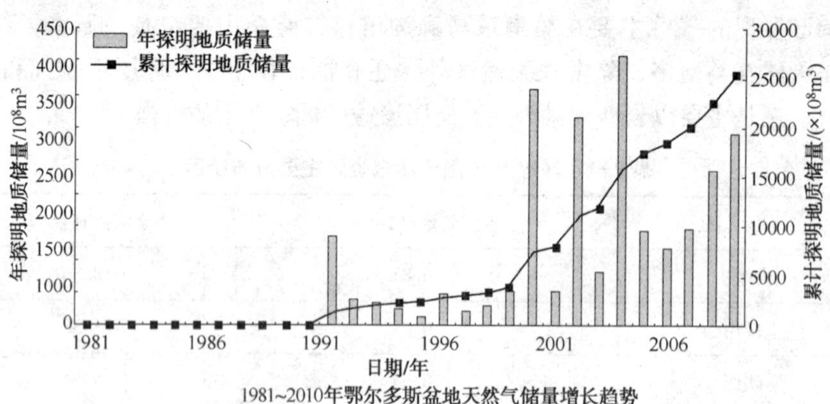

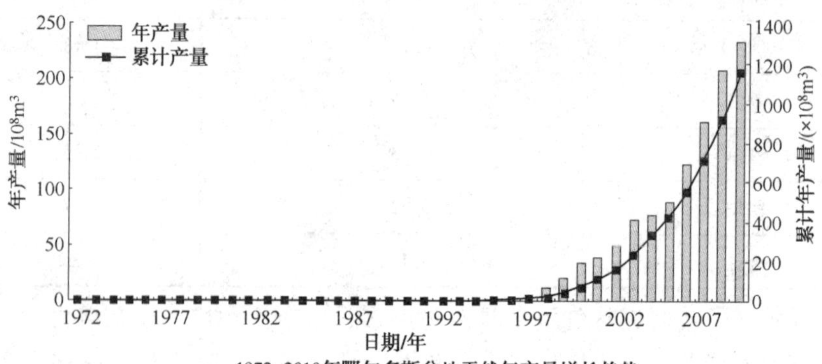

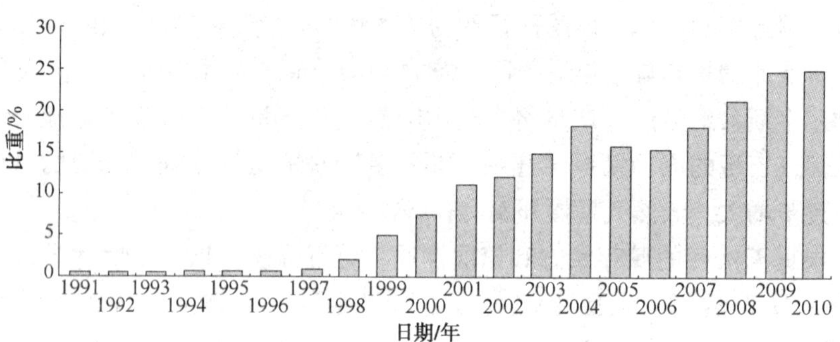

图 7-1　1991~2010 年鄂尔多斯盆地天然气产量占全国比重分布特征图

气成藏提供了充足的气源，多期叠加、多韵律组合、多物源交替的河流三角洲体系形成储、盖成烃有利配置，三角洲平原分流河道及前缘水下分流河道、前缘河口坝等相对高孔渗区是油气富集的重要场所。储气砂体沿上倾侧变致密层（即岩性圈闭）是成藏的主要圈闭类型。从石炭系本溪组到二叠系石千峰组近千米厚的地层中均有气层分布，主力产层为石炭系-二叠系石盒子组和山西组砂岩。目前已发现苏里格、榆林、乌审旗、镇川堡、胜利井、刘家庄等6个气田，天然气组分以甲烷为主，重烃和凝析油含量低，甲烷含量为93.15%，CO_2含量约1.13%。主要以煤成气为特征，预测上古生界煤成气资源量为$85857\times10^8m^3$，可采资源量为$61621.42\times10^8m^3$，占盆地常规天然气资源量的78%。

下古生界气藏主要形成于奥陶系顶部风化壳碳酸盐岩储层，其上为石炭系-二叠系烃源岩，下为奥陶系碳酸盐岩烃源岩，气源条件优越；细粉晶白云岩为主要储集岩，溶洞、溶孔、微裂隙、裂缝构成岩溶孔洞型储层的主要储集空间。受沉积环境与古岩溶发育条件控制，岩溶阶地区处于岩溶水的汇集、排泄过渡带，水动力条件强，岩溶作用强烈，溶蚀空间发育，有利于古岩溶储层的形成。石炭系下部的铝土质泥岩构成气藏的直接盖层，岩性致密带和构造斜坡配置形成了风化壳气藏的上倾遮挡。主力产层为奥陶系马家沟组，单井无阻流量最大为$154\times10^4m^3/d$，平均$19\times10^4m^3/d$。目前已发现靖边气田。天然气组分以甲烷为主，甲烷含量在91.485%~98.942%，CO_2含量为0.2%~4.0%。具有混源气特征。预测下古生界碳酸盐岩气资源量为$23616\times10^8m^3$，可采资源量为$13392.01\times10^8m^3$，占盆地常规天然气资源量的22%。

二、煤层甲烷气

鄂尔多斯盆地是中国第一大含煤盆地，具有纵向含煤层位多、横向煤层分布范围广的特点，煤炭资源量为$7.28\times10^{12}t$，占全国煤炭总资源量的三分之一。因此，盆地煤层甲烷资源潜力大。该盆地煤层甲烷的勘探始于20世纪90年代，主要集中在盆地东部兴县、三交、柳林、韩城一带，钻探目的层为石炭系-二叠系，已钻井50口，单井产量为$1000\sim2000m^3/d$，最高可达$7000m^3/d$以上，并在大宁-吉县地区控制煤层气地质储量$3000\times10^8m^3$。另外，在黄陵、合水、彬长、横山堡一带钻探侏罗系煤层气井6口，获少量气流。

鄂尔多斯盆地主要发育石炭系-二叠系及侏罗系两套含煤层系，石炭系-二叠系煤层气主要分布在山西组和太原组，平均煤层厚度为10.5m，煤层含气量为$10m^3/t$，理深在$300\sim2000m$的煤层气资源量为$66800\times10^8m^3$，其中埋深$1500\sim2000m$内的煤层气资源量为$33600\times10^8m^3$。侏罗系煤层主要分布在延安组，平均煤层厚度为14m，煤层含气量为$4m^3/t$，埋深$300\sim1500m$的煤层气资源量为$44800\times10^8m^3$。

三、油田伴生气（油型气）

伴生气分布于鄂尔多斯盆地中生界油田，烃源岩为中生界湖相暗色泥岩，储层以三叠系延长组和侏罗系延安组为主，以气顶气和溶解气两种形式出现，气顶气主要分布在富县、葫芦河、下寺湾、马家滩、李庄子等地区，目前已发现直罗气田，单井无阻流量为 1000~6000m^3/d。气顶气埋深一般小于 1200m，水型以 $NaHCO_3$为主，气体组分以干气为主，重烃含量小于 5%，气体相对密度为 0.55~0.66。

溶解气为典型的湿气，多分布在盆地中部安塞、定边、姬塬、马岭等地区，重烃含量平均为 32.36%，最高可达 57.77%。中生界油田伴生气资源量为 3416.94×$10^8 m^3$，其中侏罗系资源量为 596.45×$10^8 m^3$，三叠系资源量为 2820.49×$10^8 m^3$。

四、生物甲烷气

盆地浅层生物气显示活跃，埋深多小于 1500m，目前尚未大规模勘探。盆地呼和凹陷早期钻探的许多水文浅井冒气泡，多数为间断性，部分为连续性，有硫化氢味，点火可燃，火苗长 40~50cm。气体组分中重烃含量小于 5%，非烃类气体占 40%~50%，气体组分碳同位素 $\delta^{13}C_1=-74.0‰\sim-89.4‰$，$\delta^{13}C_{CO_2}=-25‰\sim-26‰$。

鄂尔多斯盆地具有优越的资源优势及地域优势，资源配置合理，后备资源充足，勘探领域和勘探目标明确。目前天然气市场需求旺盛，消费模式正发生着由供应驱动消费向需求拉动消费模式的转变。据估计，2015 年到 2030 年间我国天然气需求年均增长 8%，2015 年我国天然气需求量为 2300×$10^8 m^3$，未来十年我国将迎来天然气产业发展的黄金时期。鄂尔多斯盆地的资源优势方面，紧紧抓住“一路一带”机遇，将成为中国最大的天然气资源战略接替基地。

此外，西部地区还有丰富的页岩气资源。页岩气是从页岩层开采出来的非常规天然气，全世界资源量储量大约为 456×$10^{12} m^3$，是常规天然气资源量的 2 倍。虽然目前我国尚未对页岩气资源进行系统勘查与评价，但综合多方面的初步评估结果可以判断，我国页岩气资源丰富、分布广泛、开发潜力大。据美国能源信息署（EIA）2011 年 4 月对全球 32 个国家 48 个页岩气盆地进行资源评估的初始结果，我国页岩气资源地质储量 100×$10^{12} m^3$，可

采资源量 $36\times10^{12}m^3$。主要分布在四川、鄂尔多斯、吐哈、塔里木和准噶尔等西部含油气盆地。

第二节 实例分析

一、天然气用户需求预测

天然气用户需求必须通过分析用气历史数据，结合生成运行系统数据库采用不同的方法进行预测，寻找用气规律，再选择合适的、简单易行的预测模型预测用户的未来需求量。

1. 城镇燃气类用户

以 C 公司的数据为例进行研究，C 公司的用气量具有较大的月波动性，表 7-2 是 C 公司 2010~2014 年的月用气量数据。

表 7-2 C 公司 2010~2014 年月用气量数据表 10^4m^3

时间	2010 年	2011 年	2012 年	2013 年	2014 年
1 月份用气量	209862	270303	289901	365536	361883
2 月份用气量	182111	232238	259390	289020	319720
3 月份用气量	195734	222429	264971	286897	350616
4 月份用气量	174952	194879	217429	281125	307215
5 月份用气量	164224	198316	201161	272487	299212
6 月份用气量	158556	183383	204384	264014	280154
7 月份用气量	168411	190493	207474	251650	296376
8 月份用气量	155000	191759	227029	258002	304775
9 月份用气量	157322	182200	218745	253931	269138
10 月份用气量	161525	192273	228760	262772	300503
11 月份用气量	173082	229024	272534	307522	334605
12 月份用气量	196655	280025	282097	348877	362457
年度总用气量	2097434	2567322	2873875	3441833	3786654

C 公司的以月为单位的各个历史用气量趋势曲线如图 7-2 所示。以年为单位的历史用气量数据如图 7-3 所示。图 7-4 为 2010~2014 年中各个相关

月份的用气量曲线。

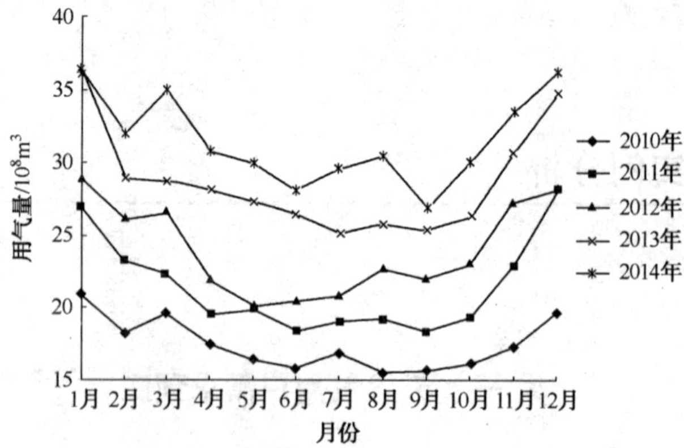

图 7-2　C 公司 2010~2014 年以月为单位的用气量图

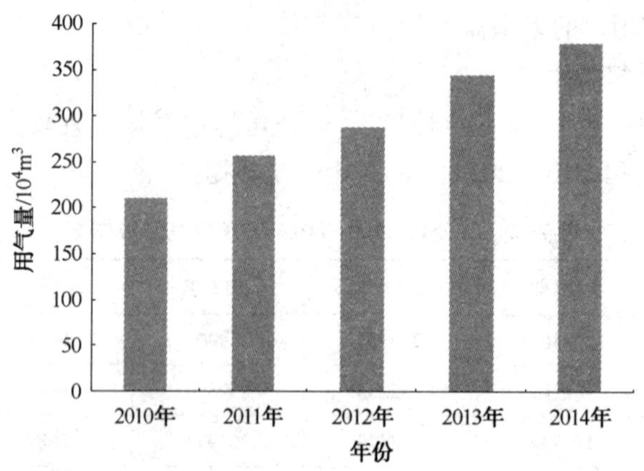

图 7-3　C 公司 2010~2014 年以年为单位的用气量图

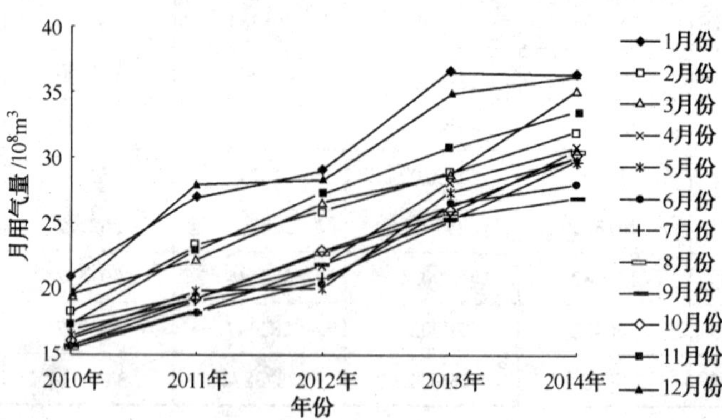

图 7-4　2010~2014 年 C 公司各个相关月份的用气量曲线

(1) 年用气量预测模型

从图 7-2 可以明显看出各个历史年的月均用气量具有明显的峰谷性。从图 7-3 可以看出该用户最近几年内用气量几乎成线性增长。因此本书选用一元线性回归方法简历该用户年用气量需求预测模型。

一元线性回归模型形式：

$$y = a + bx + \varepsilon \tag{7-1}$$

式中 y——因变量；

x——自变量；

ε——随机变量，在实际应用中，通常假定 ε 服从正态分布，即 $\varepsilon \sim N(0, \sigma)$，由于 ε 较小，可以忽略；

a，b——回归系数，回归系数可以采用最小平方法分析历史数据获得。

通过对图 7-3 中数据进行一元线性拟合，获得了该用户的一元线性回归模型如下：

$$y = 42.53x + 167.75 \tag{7-2}$$

则可计算出该用户 2015 年年用气量预测值为 $422.93 \times 10^8 m^3$。

(2) 月用气量预测模型

通过分析图 3-4 中的各个曲线可以推断出该用户各个历史年相关月份的用气量几乎成线性趋势，具有较强的线性关系。因此，通过分析上述三个图及表 7-2 中的数据，本书选用结构分析法中的回归分析法建立趋势外推模型预测该用户的未来月均用气量。

采用一元线性回归模型得到的 C 公司各个历史年的各个月的拟合直线和实际数据以及拟合公式如图 7-5～图 7-16 所示。

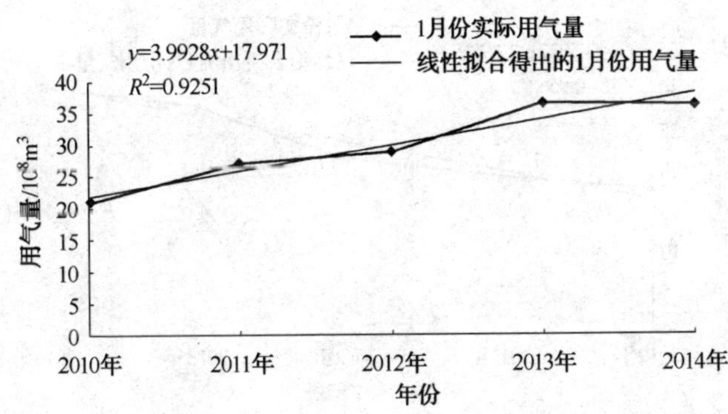

图 7-5 C 公司 2010～2014 年 1 月份用气量曲线拟合结果图

从图 7-5～图 7-16 可以看出，2 月、3 月、8 月、9 月、10 月和 11 月的拟合数据与实际数据差异较小，拟合后的直线与实际数据具有极强的吻合性；其他月份的拟合数据与实际数据在个别年份上有所差异，最大差异发生在 2012 年 5 月份，相关系数约为 $R^2=0.9315$。

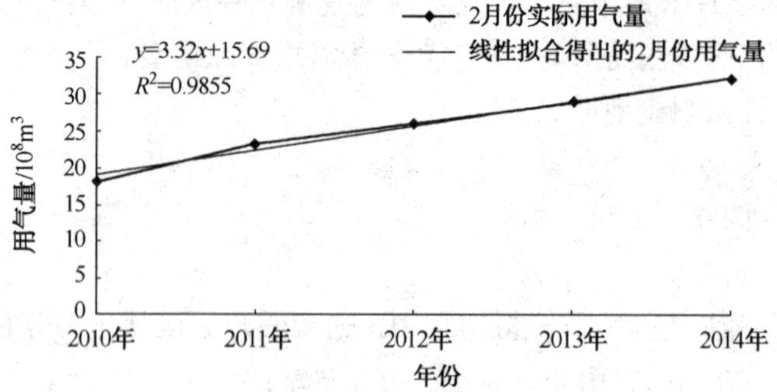

图 7-6　C 公司 2010~2014 年 2 月份用气量曲线拟合结果图

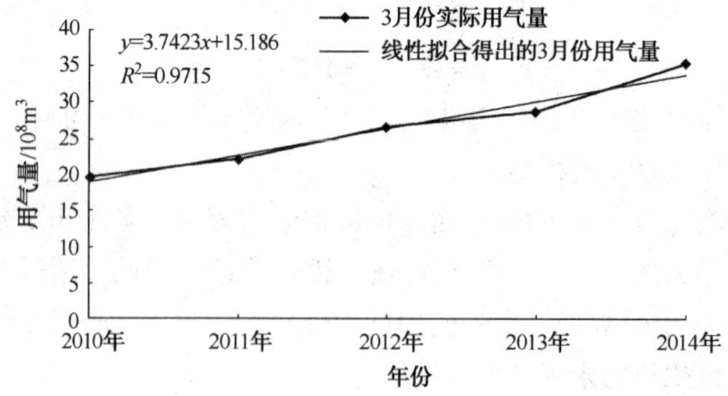

图 7-7　C 公司 2010~2014 年 3 月份用气量曲线拟合结果图

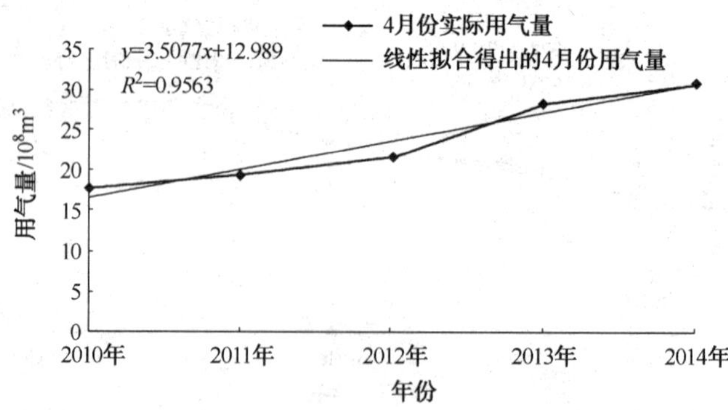

图 7-8　C 公司 2010~2014 年 4 月份用气量曲线拟合结果图

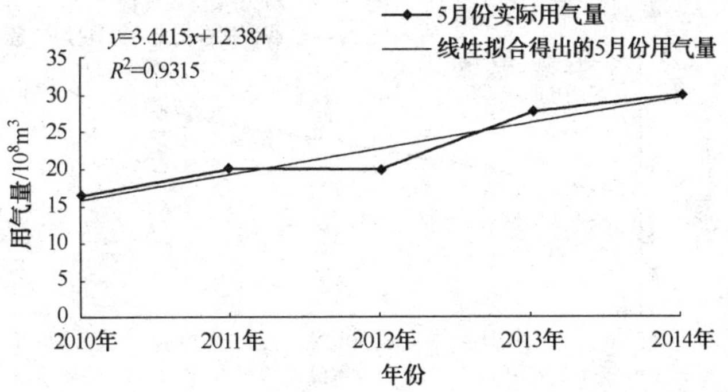

图 7-9　C 公司 2010~2014 年 5 月份用气量曲线拟合结果图

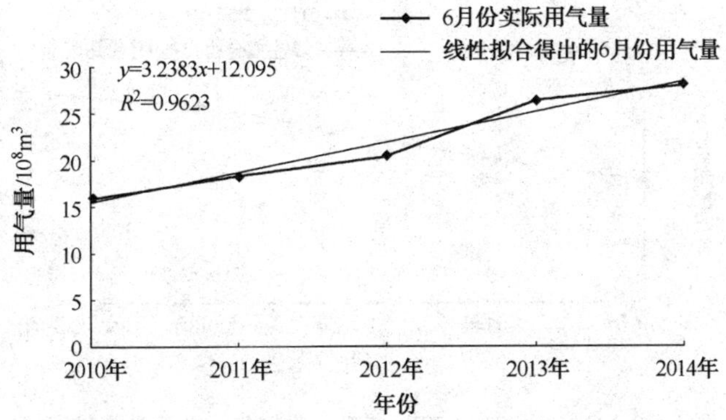

图 7-10　C 公司 2010~2014 年 6 月份用气量曲线拟合结果图

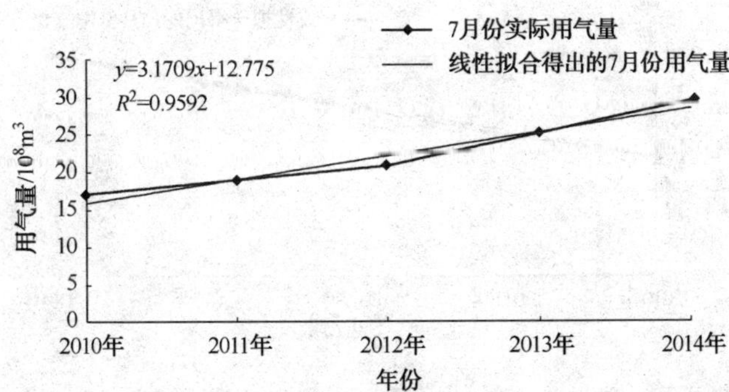

图 7-11　C 公司 2010~2014 年 7 月份用气量曲线拟合结果图

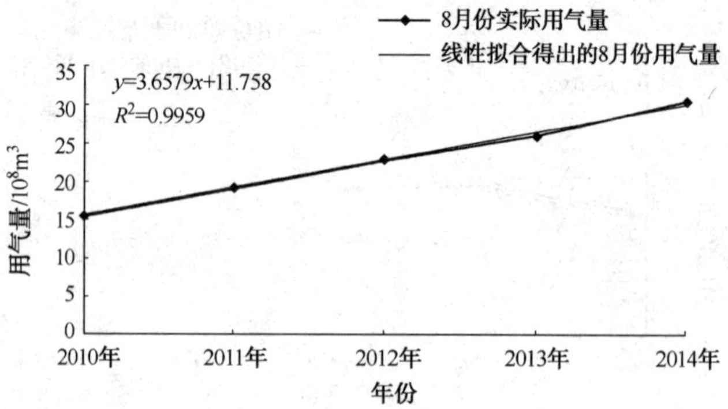

图 7-12　C 公司 2010~2014 年 8 月份用气量曲线拟合结果图

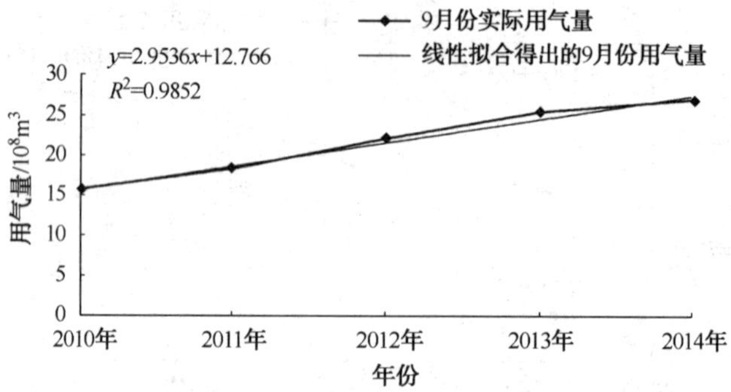

图 7-13　C 公司 2010~2014 年 9 月份用气量曲线拟合结果图

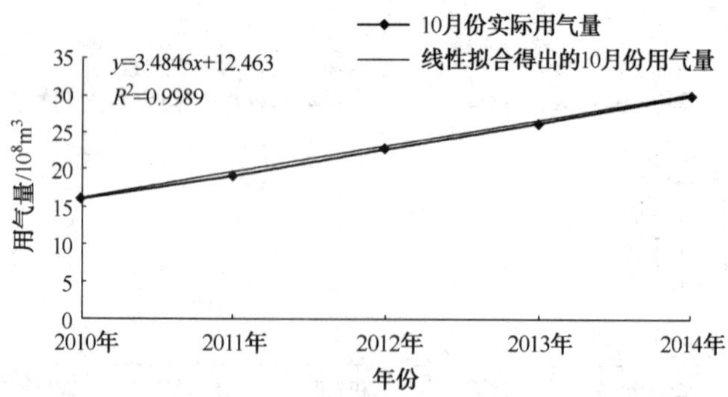

图 7-14　C 公司 2010~2014 年 10 月份用气量曲线拟合结果图

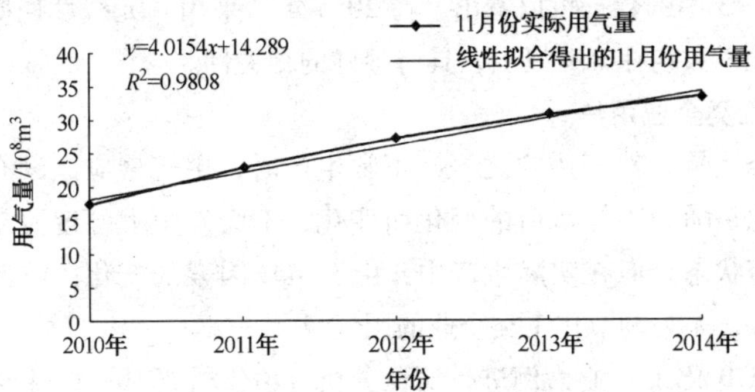

图 7-15 C 公司 2010~2014 年 11 月份用气量曲线拟合结果图

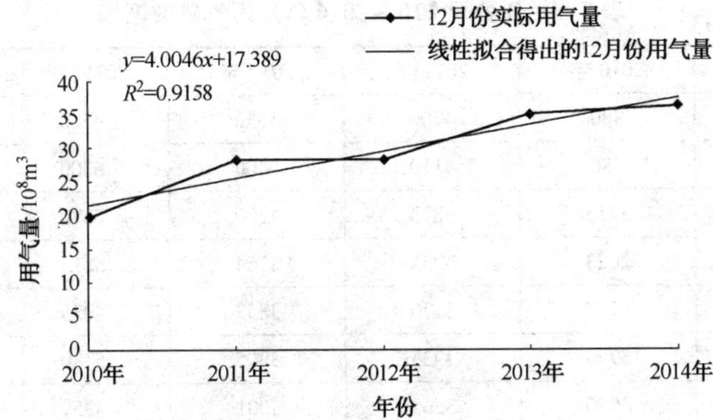

图 7-16 C 公司 2010~2014 年 12 月份用气量曲线拟合结果图

表 7-3 列出了由一元线性回归预测模型得到的 C 公司 2015 年月平均用气量预测模型的各个月份的公示表达式、预测结果实际用气量和相对误差。

表 7-3 一元线性模型预测结果

月份	拟合公式表达	2015 年预测用气量/10^8 m³	相关系数 R^2
1	$y=3.9928x+17.971$	41.92795	0.9251
2	$y=3.32x+15.69$	35.60958	0.9855
3	$y=3.7423x+15.186$	37.6399	0.9715
4	$y=3.5077x+12.989$	34.03516	0.9563
5	$y=3.4415x+12.384$	33.03241	0.9315
6	$y=3.2383x+12.095$	31.52463	0.9623
7	$y=3.1709x+12.775$	31.80069	0.9592
8	$y=3.6579x+11.758$	33.70509	0.9959
9	$y=2.9536x+12.766$	30.48761	0.9852
10	$y=3.4846x+12.463$	33.37031	0.9989
11	$y=4.0154x+14.289$	38.38166	0.9808
12	$y=4.0046x+17.389$	41.4159	0.9158

从表 7-3 中的数据可以看出，在 2015 年，采用一元线性回归预测模型得到的相关系数均在 0.9 以上，具有很好的相关性。

2. 化工类企业用户

化工企业是天然气用户之一，正常生产时，用气量应该没有波动。用气量的变化是随着工作负荷的变化而变化，不会发生大幅度波动特征，基本处于均衡状态。但在实际生产中，由于市场因素的变化，或者城镇用户需要调峰时，人为调节化工类企业的用气量。

本书以 B 化工企业为例进行实证分析。B 公司 2010~2014 年月用气量数据如表 7-4 所示。

表 7-4　B 公司 2010~2014 年月用气量数据表　　10^4m^3

时　间	2010 年	2011 年	2012 年	2013 年	2014 年
1 月份用气量	880	4700	5350	6500	6844
2 月份用气量	880	4110	5400	6300	7100
3 月份用气量	3285	3873	4200	5870	7022
4 月份用气量	2023	3935	4164	5813	6600
5 月份用气量	1770	3170	3853	4935	6200
6 月份用气量	1750	3935	3905	5780	5850
7 月份用气量	1900	3665	4001	4759	6049
8 月份用气量	1770	3715	4650	5301	6624
9 月份用气量	2145	3815	3732	5400	5950
10 月份用气量	1908	3844	3190	5332	5330
11 月份用气量	2175	4174	5600	6291	5993
12 月份用气量	990	5300	5840	5850	8377
年度总用气量	880	4700	5350	6500	6844

B 公司的以月为单位的各个历史用气量趋势曲线如图 7-17 所示。以年为单位的历史用气量数据如图 7-18 所示。图 7-19 为 2010~2014 年中各个相关月份的用气量曲线。

(1) 年用气量预测模型

通过对图 7-18 中数据进行一元线性拟合，获得了该用户的一元线性回归模型如下：

$$y = 13282x + 14087 \tag{7-3}$$

则可计算出该用户 2015 年年用气量预测值为：$93779 \times 10^4 m^3$。

(2) 月用气量预测模型

采用一元线性回归模型得到的 B 化工厂各个历史年的各个月的拟合直

线和实际数据以及拟合公式如图 7-20~图 7-31 所示。

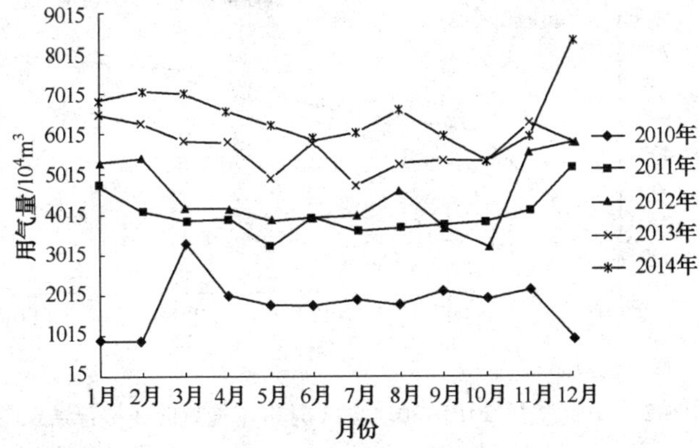

图 7-17　B 化工厂 2010~2014 年以月为单位的用气量图

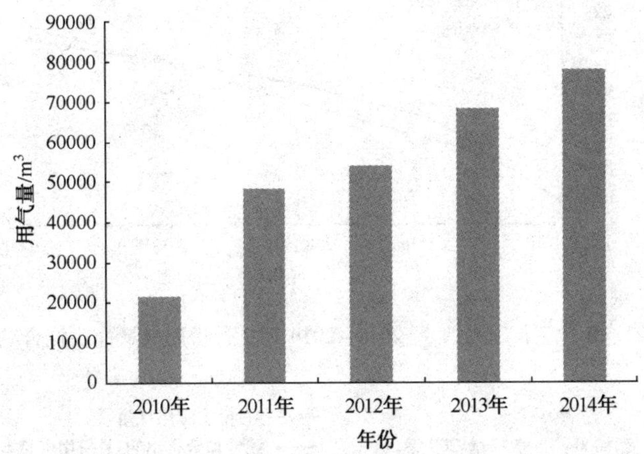

图 7-18　B 化工厂 2010~2014 年以年为单位的用气量图

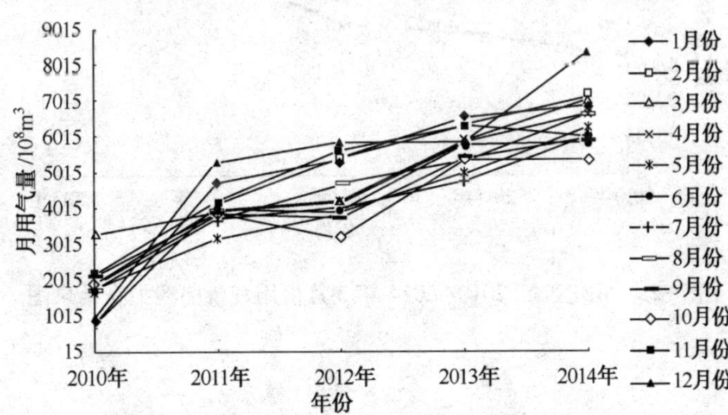

图 7-19　B 化工厂各个相关月份的用气量曲线

第七章　实例分析

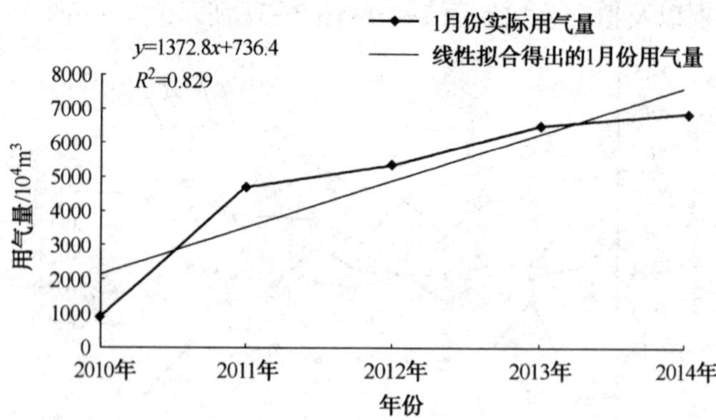

图 7-20 B 化工厂 2010~2014 年 1 月份用气量曲线拟合结果图

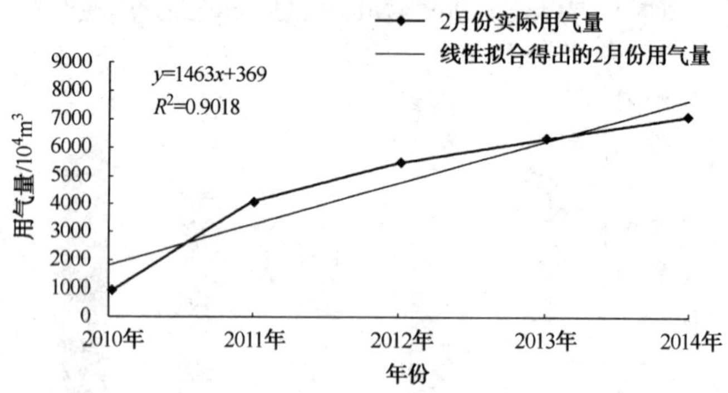

图 7-21 B 化工厂 B 化工厂 2010~2014 年 2 月份用气量曲线拟合结果图

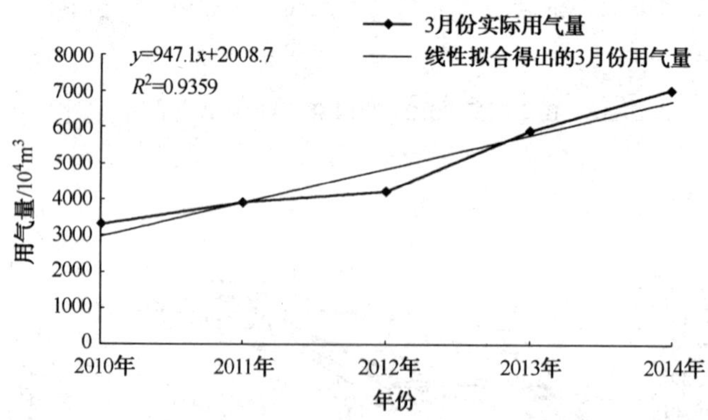

图 7-22 B 化工厂 2010~2014 年 3 月份用气量曲线拟合结果图

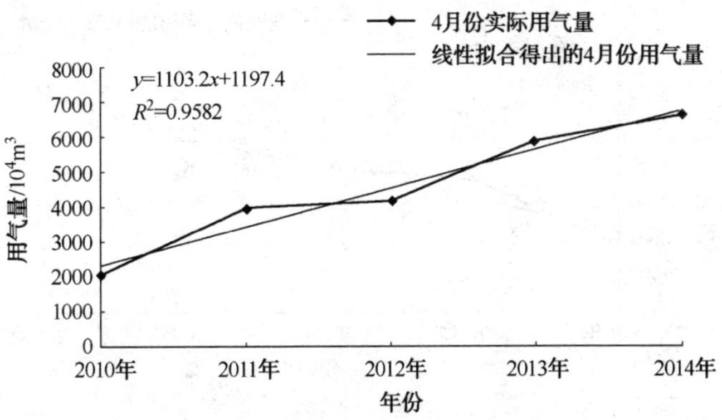

图 7-23　B 化工厂 2010~2014 年 4 月份用气量曲线拟合结果图

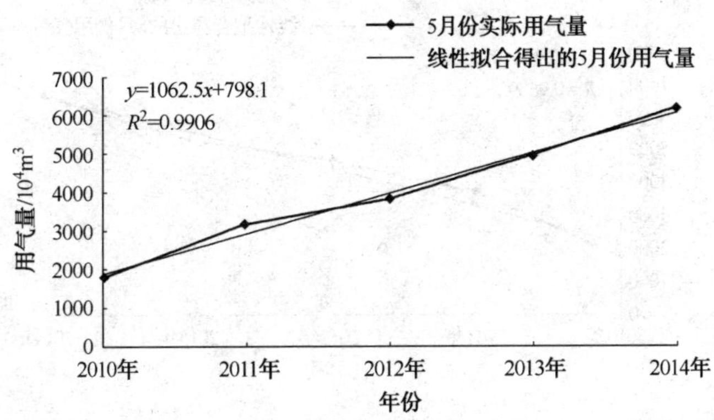

图 7-24　B 化工厂 2010~2014 年 5 月份用气量曲线拟合结果图

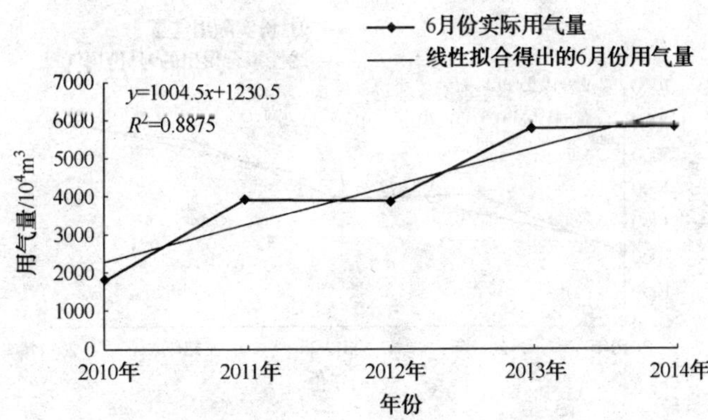

图 7-25　B 化工厂 2010~2014 年 6 月份用气量曲线拟合结果图

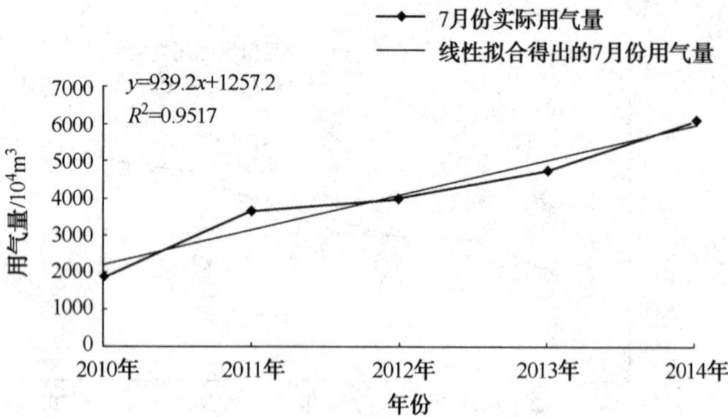

图 7-26　B 化工厂 2010~2014 年 7 月份用气量曲线拟合结果图

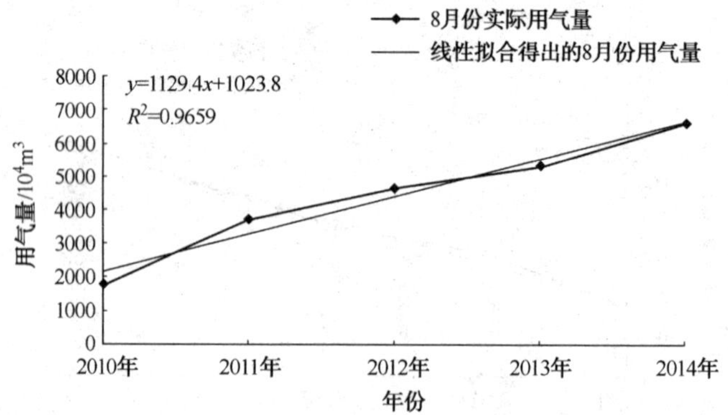

图 7-27　B 化工厂 2010~2014 年 8 月份用气量曲线拟合结果图

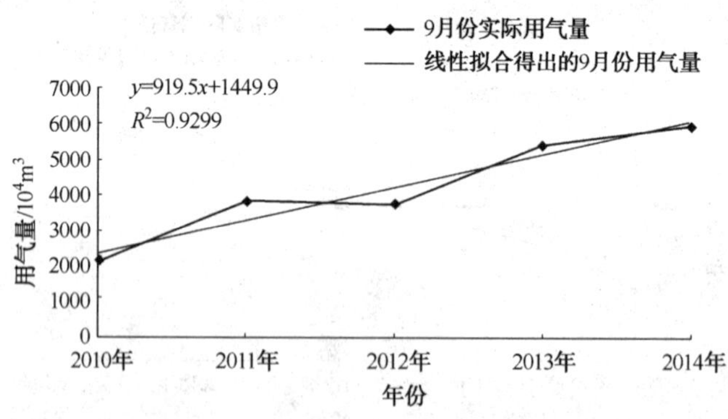

图 7-28　B 化工厂 2010~2014 年 9 月份用气量曲线拟合结果图

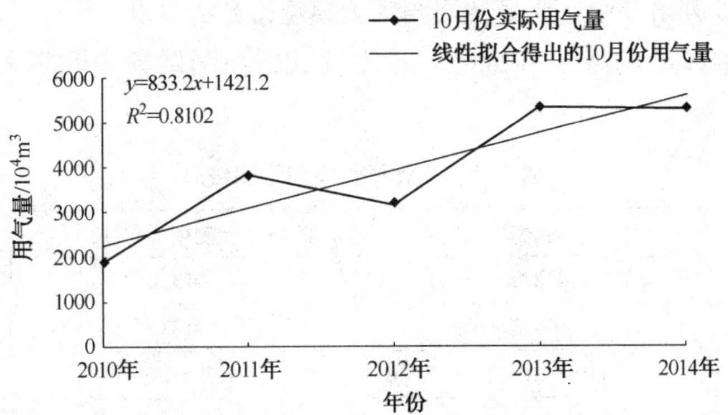

图 7-29　B 化工厂 2010~2014 年 10 月份用气量曲线拟合结果图

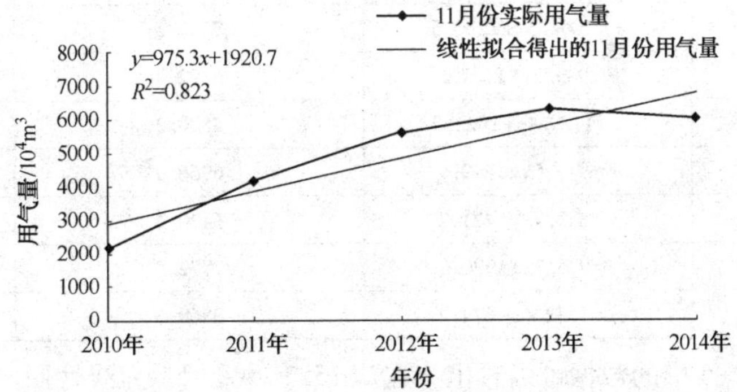

图 7-30　B 化工厂 2010~2014 年 11 月份用气量曲线拟合结果图

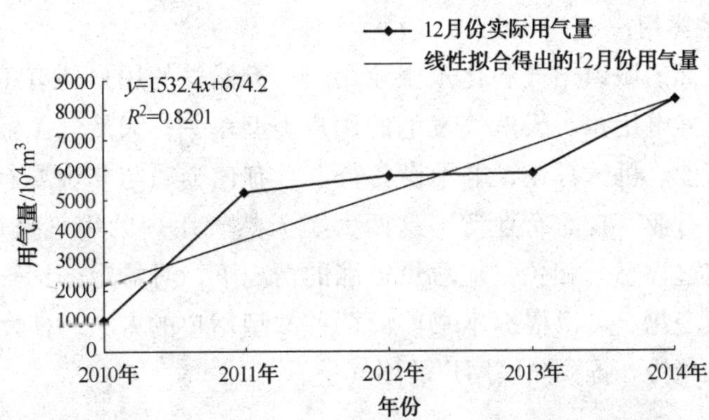

图 7-31　B 化工厂 2010~2014 年 12 月份用气量曲线拟合结果图

从图 7-20~图 7-31 可以看出，2 月、3 月、4 月、5 月、7 月、8 月和 9 月的拟合数据与实际数据差异较小，拟合后的直线与实际数据具有极强的吻合性；其他月份的拟合数据与实际数据在个别年份上有所差异，最大差异发生在 10 月份，相关系数为 $R^2=0.8102$。

表 7-5 列出了由一元线性回归预测模型得到的 B 化工厂 2015 年月平均用气量预测模型的各个月份的公示表达式、预测结果实际用气量和相对误差。

表 7-5 一元线性模型预测结果

月 份	拟合公式表达	2015 年预测用气量/10^4m^3	相关系数 R^2
1	$y=1372.8x+736.4$	8973.2	0.829
2	$y=1463x+369$	9147	0.9018
3	$y=947.1x+2008.7$	7691.3	0.9359
4	$y=1103.2x+1197.4$	7816.6	0.9582
5	$y=1062.5x+798.1$	7173.1	0.9906
6	$y=1004.5x+1230.5$	7257.5	0.8875
7	$y=939.2x+1257.2$	6892.4	0.9517
8	$y=1129.4x+1023.8$	7800.2	0.9659
9	$y=919.5x+1449.9$	6966.9	0.9299
10	$y=833.2x+1421.2$	6420.4	0.8102
11	$y=975.3x+1920.7$	7772.5	0.823
12	$y=1532.4x+674.2$	9868.6	0.8201

从表 7-5 中的数据可以看出，在 2015 年，采用一元线性回归预测模型得到的相关系数均大于 0.8，相关性良好。

3. 其他类用户

除了上面的城镇燃气和化工企业用户，天然气的用户还有工业燃料用户和天然气发电用户。天然气发电的用户类型单一，天然气工业燃料用户包括钢铁行业、机械行业、电子设备行业、有色金属与非金属行业、陶瓷行业、烟草行业、食品行业等，这两大类天然气用户的用气量逐年上涨，且与各工艺过程息息相关，在总量上涨的情况下，对特定的用户用气量不会发生较大变化。可以根据本书前面两种类型用户的方法，使用一元线性回归模型和趋势外推预测出用户的用气量。

二、天然气用户的分等定级

天然气作为一种优质高效的清洁能源和化工原料，已被广泛地应用于我国国民经济生产和生活中的各个领域，主要用于城市燃气、工业燃料、化工和发电这四大行业。为了指导天然气利用，国家发改委于 2012 年出台了新的《天然气利用政策》。我们据此对其进行分等定级，如表 7-6 所示。

表 7-6 《天然气利用政策》对天然气利用分类的规定

分级	应用领域	具体项目内容
优先类	城市燃气	1. 城镇(尤其是大中城市)居民炊事、生活热水等用气 2. 公共服务设施(机场、政府机关、职工食堂、幼儿园、学校、医院、宾馆、酒店、餐饮业、商场、写字楼、火车站、福利院、养老院、港口、码头客运站、汽车客运站等)用气 3. 天然气汽车(尤其是双燃料及液化天然气汽车),包括城市公交车、出租车、物流配送车、载客汽车、环卫车和载货汽车等以天然气为燃料的运输车辆 4. 集中式采暖用户(指中心城区、新区的中心地带) 5. 燃气空调
	工业燃料	6. 建材、机电、轻纺、石化、冶金等工业领域中可中断的用户 7. 作为可中断用户的天然气制氢项目
	其他用户	8. 天然气分布式能源项目(综合能源利用效率 70% 以上,包括与可再生能源的综合利用) 9. 在内河、湖泊和沿海航运的以天然气(尤其是液化天然气)为燃料的运输船舶(含双燃料和单一天然气燃料运输船舶) 10. 城镇中具有应急和调峰功能的天然气储存设施 11. 煤层气(煤矿瓦斯)发电项目 12. 天然气热电联产项目
允许类	城市燃气	1. 分户式采暖用户
	工业燃料	2. 建材、机电、轻纺、石化、冶金等工业领域中以天然气代油、液化石油气项目 3. 建材、机电、轻纺、石化、冶金等工业领域中以天然气为燃料的新建项目 4. 建材、机电、轻纺、石化、冶金等工业领域中环境效益和经济效益较好的以天然气代煤项目 5. 城镇(尤其是特大、大型城市)中心城区的工业锅炉燃料天然气置换项目
	天然气发电	6. 除第一类第 12 项、第四类第 1 项以外的天然气发电项目
	天然气化工	7. 除第一类第 7 项以外的天然气制氢项目
	其他用户	8. 用于调峰和储备的小型天然气液化设施
限制类	天然气化工	1. 已建的合成氨厂以天然气为原料的扩建项目、合成氨厂煤改气项目 2. 以甲烷为原料,一次产品包括乙炔、氯甲烷等小宗碳一化工项目 3. 新建以天然气为原料的氮肥项目
禁止类	天然气发电	1. 陕、蒙、晋、皖等十三个大型煤炭基地所在地区建设基荷燃气发电项目(煤层气(煤矿瓦斯)发电项目除外)
	天然气化工	2. 新建或扩建以天然气为原料生产甲醇及甲醇生产下游产品装置 3. 以天然气代煤制甲醇项目

三、天然气用户用气量分配

以西部地区陕西省某市天然气公司的7个用气用户为例，采用第四章的模型求解各天然气用户的最优用气量。陕西省天然气使用价值采用李鹭光(2012)数据，如表7-7所示。

表7-7 陕西省天然气使用价值计算表

序号	用气类型	经济价值/(元/m^3)
1	发电	0.99
2	化工	1.17
3	工业燃料	4.08
4	城镇燃气	4.13

7个天然气用户中，其中有3个用户属于优先类，有3个用户属于允许类，1个化工厂属于限制类用户，用户的用气量等数据如表7-8所示。该地区可分配天然气的总量是$400\times10^4m^3/d$，则通过采用本书第四章建立的天然气用户用气量分配优化模型，可以建立该地区的7个用户的用气量最优分配方案模型，借助于单纯性算法进行求解。求解时，在任何可行域(凸集)的顶点中搜索最优点。搜索的过程是一个迭代过程：首先找到一个基本可行解，作为迭代的初始顶点，然后从这个顶点移到另一个顶点，并判断该顶点是否是最优解，若是，则迭代结束，否则再移到另一个顶点，再判断，直到找到最优点为止。所求最优气量的分配结果如表7-8所示。

表7-8 用户用气量分配方案优化模型算例数据表

等级	序号	用户名	天然气使用价值	用气量	最大用气	最小用气量	优化用量	价值/(万元/天)
优先类	1	城市燃气1	4.13	100	130	80	130	536.9
	2	城市燃气2	4.13	80	100	50	90	371.7
	3	城市燃气3	4.13	60	60	45	45	185.8
允许类	1	化工厂1	1.17	80	95	70	60	70.2
	3	发电厂1	0.99	35	40	30	30	29.7
	4	机械厂1	4.08	25	30	20	30	122.4
限制类	1	化工厂2	1.17	20	25	15	15	17.5
合计				400	480	310	400	1334.2

注：表中用气量单位为：$10^4m^3/d$，天然气使用价值取表7-7，单位为：元/m^3。

从表 7-8 中的数据可知，模型求解的结果主要是先满足优先类用户的用气量要求(如优先类用户基本按照最大用气量供气，最大化优先类用户的用气量。如优先类用户的第 1、第 3 个用户均上升到了最大用气量，第 2 个用户的日用气量也由 $80\times10^4m^3$ 上调到 $90\times10^4m^3$；并在此基础上优化分配了各等级中各个用户的用气量。这符合目前天然气利用政策的思路，可以采用本书的天然气用户用气量优化分配模型指导天然气营销部门制定日常的营销方案和供气计划。

参 考 文 献

[1] 崔民选主编．中国能源发展报告．2010[M]．北京：社会科学文献出版社，2011. 7.

[2] 崔民选，王军生，陈义和主编．中国能源发展报告[M]．北京：社会科学文献出版社，2013. 10.

[3] 刘松，郑言著．我国天然气安全评价与预警系统研究[M]．北京：经济管理出版社，2014. 12.

[4] 周志斌等著．中国天然气经济发展问题研究[M]．北京：石油工业出版社，2008. 1.

[5] 王俊奇，刘祎，郑欣编著．天然气利用与安全[M]．北京：中国石化出版社，2011. 1.

[6] 周志斌，杨毅主编．天然气管网运营与效益优化模型研究：以川渝天然气管网为例[M]．北京：石油工业出版社，2009. 8.

[7] 董秀成，李君臣著．我国天然气产业网络链一体化研究[M]．北京：知识产权出版社，2013. 6.

[8]《中国油气田开发若干问题的回顾与思考》/上卷编写组编著．中国油气田开发若干问题的回顾与思考[M]．北京：石油工业出版社，2003. 10.

[9] 冯连勇，胡燕著．走进后石油时代[M]．北京：科学出版社，2011. 2.

[10] 李继尊著．中国能源预警模型研究[M]．北京：科学出版社，2008.

[11] 王思强著．能源预测预警理论与防腐[M]．北京：清华大学出版社，2010. 2.

[12] 穆羡中著．中国油气产业全球化发展研究[M]．北京：经济管理出版社，2010. 2.

[13] 国务院发展研究中心资源与环境政策研究所著．中国石油资源的开发与利用政策研究[M]．北京：中国发展出版社，2010. 7.

[14] 任建雄著．区域矿产资源开发利用的路径创新与协调机理[M]．杭州：浙江大学出版社，2010. 6.

[15] 钱伯章编．石油和天然气技术与应用[M]．北京：科学出版社，2010.

[16] 田冠三，付林著．“西气东输”中天然气合理应用方式研究[M]．北京：中国建筑工业出版社，2009.

[17] 周志斌编著．天然气市场配置及补充机理研究[M]．北京：科学出版社，2011.

[18] 刘毅军等著．天然气产业链上游开发规划风险研究[M]．北京：石油工业出版社，2013. 3.

[19] 李鹭光等编著．天然气使用经济价值计算方法研究[M]．北京：科学出版社，2012. 8.

[20] 崔民选，王军生，陈义和主编．中国能源发展报告[M]．北京：社会科学文献出版社，2012. 7.

[21] 林伯强主编．2011 中国能源发展报告[M]．北京：清华大学出版社，2011. 11.

[22] 崔民选主编．中国能源发展报告[M]．北京：社会科学文献出版社，2010.4.
[23] 林伯强主编．2012 中国能源发展报告[M]．北京：北京大学出版社，2012.11.
[24] 高宇天著．对能源的再认识：四川能源开发利用研究[M]．成都：西南财经大学出版社，2013.7.
[25] 中国能源中长期发展战略研究项目组．中国能源中长期(2030、2050)发展战略研究：电力·油气·核能·环境卷[M]．北京：科学出版社，2011.
[26] 白兰君，姜子昂编著．天然气输配经济学[M]．北京：石油工业出版社，2007.8.
[27] 林伯强主编．中国能源发展报告·2008[M]．北京：中国财政经济出版社，2008.8.
[28]《世界能源中国展望》课题组著．世界能源中国展望[M]．北京：社会科学文献出版社，2013.12.
[29] 刘彬等著．中国天然气文化研究[M]．北京：科学出版社，2014.5.
[30] 胡朝元等主编．环境保护与中国天然气发展战略[M]．北京：石油工业出版社，2004.12.
[31] 石兴春，李吟天编著．中国天然气工业发展研究[M]．北京：石油工业出版社，2002.3.
[32] 陈大恩，王震，郭庆方编著．中国油气可持续发展战略研究[M]．北京：石油工业出版社，2009.11.
[33] 李方运编著．天然气燃烧及应用技术[M]．北京：石油工业出版社，2002.12.
[34] 王遇冬主编．天然气开发与利用[M]．北京：中国石化出版社，2011.10.
[35] 贺永德主编．天然气应用技术手册[M]．北京：化学工业出版社，2009.12.
[36] 徐文渊，蒋长安主编．天然气利用手册(第二版)[M]．北京：中国石化出版社，2006.
[37] 熊伟，周怡沛主编．川渝地区天然气产业集群研究[M]，北京：石油工业出版社，2013.7.
[38] 田立新等著．能源经济系统分析[M]北京：社会科学文献出版社，2005.10.
[39] 史字峰，何润民等著．天然气工业用户用气特征研究[M]北京：石油工业出版社，2013.12.
[40] 陈新发主编．中国科协 2005 年学术年会论文集西部石油天然气资源及发展战略[M]北京：石油工业出版社，2006.5.
[41] 陕西省发展和改革委员会，陕西省财政厅．陕北能源化工基地可持续发展战略研究[M]北京：中国发展出版社，2010，11.
[42] 陈赓良，王开岳等编著．天然气综合利用[M]．北京：石油工业出版社，2004.
[43] 汪寿建等编著．天然气综合利用[M]．北京：化学工业出版社，2003.
[44] 魏顺安主编．天然气化工工艺学[M]．北京：化学工业出版社，2009.

[45] 贾素云主编．化工环境科学与安全技术[M]．北京：国防工业出版社，2009.
[46] 杨筱蘅主编．油气管道安全工程[M] 北京：中国石化出版社，2005.
[47] 郑津洋，马夏康，尹谢平编著．长输管道安全[M]．北京：化学工业出版社，2004.
[48] 李天才，徐黎明编著．天然气开采企业管理方法研究与实践．北京：石油工业出版社，2010.
[49] 王丹．天然气利用新技术[J]．山西化工，2004，24(2)：60~62.
[50] 黄军军．天然气利用技术及其应用[J]．新能源及工艺，2004：24~27.
[51] 刘国强．天然气的综合利用[J]．油田地面工程，1997，16(2)：4~6.
[52] 钱伯章．面向21世纪天然气利用的重点、热点和难点，继续教育[J]，1998，65：26~27.
[53] 王小强，郝明君．对中国石油开拓天然气发电市场的几点建议[J]．国际石油经济，2002，10(8)：35~36.
[54] 张沛．CNG汽车是天然气利用的重要发展途径[J]．石油与天然气化工，2008，1(37)：23~26
[55] 李婷，周跃忠．国内外天然气市场特征[J]．天然气技术，2008，3(2)：7~10.
[56] 徐艳萍，民用天然气的利用现状及其发展趋势[J]．油气储运，2006，11(25)：8~12.
[57] 李士伦．天然气工程(第2版)[M]．北京：石油工业出版社，2008：1~15.
[58] 张福东．中国天然气供求趋势预测及发展策略．天然气工业[J]．2003，4(23)：124~125.
[59] 李伟，杨义，刘晓娟．我国天然气消费利用现状和发展趋势[J]．中外能源，2010，15(5)：8~12.
[60] 吴灿奇．未来十年我国天然气利用趋势探讨[J]．国际石油经济，2012，(z1)：110~114.
[61] 王遇冬．天然气开发与利用[M]．北京：中国石化出版社，2011：331~422.
[62] 侯彦温，董国利．对中国城镇燃气行业发展问题的思考[J]．企业活力，2011，4：17~21.
[63] 李秀辉．关于天然气化工利用的前景探索[J]．中国石油和化工标准与质量，2012(2)：31~32.
[64] 李海平，贾爱林，何东博等．中国石油的天然气开发技术进展及展望[J]．天然气工业，2010，30(1)：5~7.
[65] 尤向阳．制定合理的价格政策促进天然气化工的发展-西气东输工程的天然气利用问题[J]．现代化工，2004，24(6)：7~9.
[66] 钟水清，熊继有，孟英峰等．我国21世纪天然气商机研究及其展望[J]．钻采工

艺，2007，30(5)：93~98.
[67] 范庆虎，李红艳，尹全森等．中国天然气消费市场与天然气综合利用[J]．陕西能源与节能，2009，53(2)：31~33.
[68] 周一芳，周邦宁．以天然气为一次能源的冷热电联产方式及其能源利用[J]．制冷与空调，2008，4(8)：9~16.
[69] 侯忠建．四川天然气资源利用的战略设想及政策建议[J]．天然气技术，2009.
[70] 赵贤正，李景明，李东旭等．中国天然气资源潜力及供需趋势[J]．天然气工业，2004，24(3)：1~4.
[71] 宋鲁光．科学管理合理利用提高天然气的经济效益[J]．经营管理者，2011.
[72] 张文华．影响我国天然气发展的三个因素[J]．勘探家，1999.
[73] 陈赓良．国内外天然气利用的现状与展望[J]．石油与天然气化工，2002，28(5)：231~234.
[74] Onyekwu H. Nigerian Gas Master Plan and Policy[J]. SPE 136960，2010，16~19.
[75] BP. Statistical Review of World Energy 2010[R]. by BP p. l. c. 2010.
[76] Ogbe，E. Optimization of Strategies for Natural Gas Utilization[J]. African University of Science & Technology，SPE ，December 2010，7~9.
[77] 王国樑．天然气定价研究与实践[M]．北京：石油工业出版社，2007.
[78] 胡健等．油气资源开发与西部区域经济[M]．北京：科学出版社，2007. 2.
[79] 胡健，蒲志仲等．油气资源价值分级与有偿使用的方法研究[M]．西安：陕西人民出版社，1996.
[80] 余敬，苏顺华等．矿产资源可持续力[M]．武汉：中国地质大学出版社，2009.
[81] 鄂勇，伞成立．能源与环境效应[M]．北京：化学工业出版社，2006. 12.
[82] 沈新普．ABAQUS 在能源工程中算例和应用[M]．北京：机械工业出版社，2010. 7.
[83] 崔民选，王军才等．天然气战争：低碳语境下全球能源财富大转移[M]．北京：石油工业出版社，2010. 10.
[84] 王思强．能源预测预警理论与方法[M]．北京：清华大学出版社，2010. 2.
[85] 肖建洪．油田原油开采的规模经济理论及其应用研究[M]．北京：经济管理出版社，2005.
[86] 周志斌．天然气市场配置及补偿机制研究[M]．北京：科学出版社，2011.
[87] 余江．资源约束结构变动与经济增长[M]．北京：人民出版社，2008. 7.
[88] 胡兆光，单保国等．电力供需模拟实验[M]．北京：中国电力出版社，2009.
[89] 姜启源，谢金星等．数学模型[M]．北京：高等教育出版社，2003. 8.
[90] 国务院发展研究中心资源与环境政策研究所[M]．中国石油资源的开发与利用政策研究．北京：中国发展出版社，2010. 7.
[91] 李小弟，张永峰．中美石油生产与消费历史对比研究[M]．北京：地质出版

社，2007.10.

[92] 于建国．从电荒、天然气合理利用分布能源．化工技术经济[J]，2005.23(11).31~33.

[93] 刘然冰．国内外天然气发展现状及我国国际合作探讨．当代石油化工[J]，2008.16(2).28~30.

[94] 陈赓良．国内外天然气利用现状与展望．石油与天然气化工[J]，2002.31(5).231~234.

[95] 薛四美，朱万美等．合理利用天然气途径．煤气与热力[J]，2006.26(9).37~41.

[96] 罗东坤，徐平．基于改进 BP 神经网络的天然气需求预测．油气田地面工程[J]，2008.27(7)20~21.

[97] 鲁德宏，石油天然气利用的新途径-燃料电池．石油与天然气化工[J]，2003.1(32)：11-13.